21 世纪高等教育新理念精品规划教材

无机化学实验

韩晓霞
杨文远 主编
倪 刚

内 容 提 要

本书为化学国家级教学示范中心（宁夏大学）的建设成果之一。

本书分为三部分共 7 章。第一部分为无机化学实验基础知识和基本操作，共 5 章，分别介绍化学实验规则及实验安全知识，化学实验基础知识，无机化学实验基本操作，常用光、电仪器的使用，分析数据的记录与处理；第二部分为实验，共 2 章，一章为基础实验，选编了物质的制备、分离提纯、物理量的测定、元素定性实验、定量分析实验等，另一章为综合设计实验。第三部分为附录。

本书可作为高等学校化学、化工、制药、应化等各专业的无机化学实验课程教材。也可供农、林、医等院校相关专业选用或参考。

图书在版编目（CIP）数据

无机化学实验／韩晓霞，杨文远，倪刚主编．—天津：天津大学出版社，2017.7

21 世纪高等教育新理念精品规划教材

ISBN 978-7-5618-5891-2

Ⅰ.①无… Ⅱ.①韩… ②杨… ③倪… Ⅲ.①无机化学-化学实验-高等学校-教材 Ⅳ.①O61-33

中国版本图书馆 CIP 数据核字（2017）第 170874 号

出版发行 天津大学出版社
地　　址 天津市卫津路 92 号天津大学内（邮编：300072）
电　　话 发行部：022-27403647
网　　址 publish.tju.edu.cn
印　　刷 北京京华虎彩印刷有限公司
经　　销 全国各地新华书店
开　　本 185mm×260mm
印　　张 10.5
字　　数 256 千
版　　次 2017 年 7 月第 1 版
印　　次 2017 年 7 月第 1 次
定　　价 25.00 元

前　言

为适应 21 世纪着重培养学生创新精神和进行整体化知识教育的现代教育思想，结合相关专业的情况及教师多年的实验教学经验，编写了本书。本书可供综合性或化工类院校的化学、化工专业学生与教师使用。本书编写中力求体现以下特色。

注重基础。无机化学实验是化学、化工及相关专业学生进入大学后所接触到的第一门实验课程，因此本书从化学实验室的基本知识和基本操作入手，加强对基本操作技能的训练。

注重创新。在实验类别的选择中，增加综合性、设计性实验，注重将创新精神和创业意识融入到实验教学过程中，加强对学生发现问题、分析问题和解决问题能力的训练。

优化实验。在实验内容设计中注重前后实验的关联性，在保持知识点与操作技能连贯性的基础上，开设循环实验，加强实验项目的优化，推进实验的绿色化。

本书的编写与出版是在宁夏回族自治区“化学工程与技术”国内一流学科建设项目（CET－TX－2017A01）与“化学”一流专业建设项目的支持下完成的。

参加本书编写的有韩晓霞、杨文远、倪刚、李莉、李冰、王玲、吴晓红、田华、马景新、曹洋、王泽云。

由于编者水平所限，书中难免有错漏和不妥之处，恳请读者批评指正。

编者

目　录

绪　论 // 1

0.1　无机化学实验课程的目的 …… 1

0.2　无机化学实验课程的学习方法 …… 1

第一部分　化学实验基础知识和基本操作

第 1 章　化学实验规则及安全知识 // 9

1.1　化学实验规则 …… 9

1.2　实验室安全知识和意外事故处理 …… 9

1.3　灭火器简介 …… 12

1.4　实验室三废处理 …… 14

第 2 章　化学实验基础知识 // 15

2.1　无机化学实验常用仪器及装置介绍 …… 15

2.2　实验室用水的规格、制备及检验 …… 21

2.3　化学试剂的规格及存放 …… 22

第 3 章　化学实验基本操作 // 24

3.1　玻璃器皿的洗涤和干燥 …… 24

3.2　试剂的取用 …… 25

3.3　加热与冷却 …… 27

3.4　气体的获取 …… 31

3.5　滴定分析仪器与基本操作 …… 34

3.6　固体的溶解和液固分离 …… 39

3.7　干燥器的准备和使用 …… 43

第 4 章　天平及常用光、电仪器的使用 // 44

4.1　电子天平 …… 44

4.2　酸度计 …… 47

4.3　分光光度计 …… 49
4.4　电导率仪 …… 51

第 5 章　分析数据的记录与处理 // 53

5.1　准确度和精密度 …… 53
5.2　误差的来源和分类 …… 54
5.3　提高分析结果准确度的措施 …… 54
5.4　有效数字及运算规则 …… 55

第二部分　实验

第 6 章　基础实验 // 59

实验一　走进无机化学实验室 …… 59
实验二　电子天平称量练习 …… 60
实验三　气体常数的测定 …… 61
实验四　硝酸钾的制备与提纯 …… 63
实验五　化学反应速率和活化能的测定 …… 65
实验六　气体密度法测定二氧化碳相对分子质量 …… 69
实验七　溶液配制和滴定基本操作练习 …… 72
实验八　醋酸解离度和解离平衡常数的测定 …… 74
实验九　化学平衡及移动 …… 76
实验十　氧化还原反应和氧化还原平衡 …… 79
实验十一　p 区非金属元素（一）（卤素、氧、硫） …… 82
实验十二　p 区非金属元素（二）（氮族、硅、硼） …… 85
实验十三　常见非金属阴离子的分离与鉴定 …… 88
实验十四　常见阳离子的分离与鉴定 …… 90
实验十五　离子交换法制备纯水 …… 93
实验十六　$I_3^- = I^- + I_2$平衡常数的测定 …… 97
实验十七　磺基水杨酸合铁（III）配合物的组成及稳定常数的测定 …… 100
实验十八　水热法制备八面体四氧化三铁 …… 102
实验十九　含铬废水的处理 …… 104

第 7 章　综合和设计实验 // 108

实验二十　硫酸亚铁铵的制备及亚铁离子含量测定 …… 108
实验二十一　纯碱的制备及含量分析 …… 112
实验二十二　矾的制备及铝含量分析 …… 114
实验二十三　三草酸合铁（Ⅲ）酸钾的制备和组成测定 …… 117

实验二十四　硫代硫酸钠的制备、检验及含量测定 …… 121
实验二十五　三氯化六氨合钴（Ⅲ）的制备及其组成的初步测定 …… 123
实验二十六　含锌药物的制备及含量测定 …… 125
实验二十七　溶剂热法原位合成吡啶基三唑前驱体及其单晶衍射分析 …… 129
实验二十八　粗盐的提纯（设计） …… 131
实验二十九　植物中 Ca、Fe、P 元素的定性鉴定（设计） …… 132
实验三十　五水合硫酸铜的制备及结晶水的测定（设计） …… 132
实验三十一　未知物鉴别和离子的鉴定（设计） …… 133
实验三十二　碘盐的制备及检验（设计） …… 134
实验三十三　含碘废液中碘的回收（设计） …… 134

附　录 // 136

附录 1　国际相对原子质量表 …… 136
附录 2　一些弱电解质的解离常数 …… 138
附录 3　无机化合物的标准热力学数据 …… 140
附录 4　常用酸、碱的相对密度、质量分数和浓度 …… 143
附录 5　化合物的溶度积常数表 …… 144
附表 6　标准电极电势表 …… 146
附录 7　某些离子和化合物的颜色 …… 151
附录 8　危险药品的性质和管理 …… 154

参考文献 // 157

绪　论

0.1 无机化学实验课程的目的

化学是一门实验科学，化学实验教学不仅传授化学知识和训练实验技能，还培养学生的科学方法和思维、科学精神和品德。基础化学实验是融知识、能力、素质教学于一体，培养创新意识的有效手段。

通过无机化学实验课程的学习，学生要达到以下要求。

（1）具有安全和环保意识。

（2）经过严格训练，能规范地掌握基本操作、基本技能，正确使用各类相关的仪器，掌握阐明化学原理的实验方法，掌握无机物的一般制备、分离、提纯及常见化合物和离子性质、鉴定的实验方法，掌握化学分析的常用方法并能在试样分析中加以应用。

（3）准确记录并科学处理实验数据，正确表达实验结果，确立严格的“量”的概念，并逐步提高对实验现象及实验结果进行分析判断、逻辑推理和做出正确实验结论的能力。

（4）具有查阅资料、获取信息的能力，能应用现代化信息技术手段处理化学问题。

（5）形成实事求是的科学态度、勤俭节约的优良作风、整洁卫生的良好习惯、相互协作的团队精神和勇于探索的创新意识。

0.2 无机化学实验课程的学习方法

要达到知识、能力、素质全面提高，实验过程中学生应注意以下几个方面。

1. 预习到位

认真预习是做好实验的前提。结合理论教学和实验教材或模拟仿真实验进行预习。必要时查阅相关资料，明确实验目的和原理，弄清仪器结构、使用方法和注意事项，了解试剂的等级、物化性质、实验步骤。用反应式、流程图、表格等简洁、明了的方式写出预习报告，每一项实验内容后留足空位，以便进行实验记录。

2. 认真听讲、仔细观看

实验前认真倾听教师对实验原理、实验内容和注意事项的讲解和提问，参加讨论，做好笔记，对不理解的问题及时发问。仔细观看教师的操作示范或视频。

3. 亲手实验

实验过程中应正确、规范地操作和使用仪器，养成专心致志地观察实验现象的良好习惯。亲手完成每项操作，当实验时间较长时，要始终如一地认真完成全部实验工作，逐步提高实验技能。实验过程中应保持肃静，严格遵守实验室守则，公用的实验仪器和药品用完放回原位。

4. 及时记录

实验记录是培养学生科学素养的主要途径，实验中应如实记录现象和测得的数据。养成边实验边在预习报告本上准确记录的习惯，不能随意用零散纸记录，或待实验后补记。不要凭主观意愿删去自己不喜欢的数据，更不能随意更改或编造数据。遇到反常现象，实事求是地记录下来，认真分析和检查其原因。必要时重复实验进行核对，直到从中取得正确的结论。若实验失败，找出原因，经教师同意，重做实验。原始记录如果写错，可以用笔划去，但不能随意涂改。

记录的内容包括试剂用量、浓度以及观察到的现象，如：温度的变化，体系颜色的变化，结晶或沉淀的产生或消失，是否有气体放出，滴定时滴定管初始、终了体积，产品的颜色等数据。记录与操作步骤一一对应，内容简明扼要，条理清楚。实验结束，交给教师审阅并签字。

5. 及时撰写实验报告

实验报告用专用实验报告纸撰写。实验报告是实验教学的最后一个环节，是将感性认识上升为理性认识的过程，也是撰写科技论文的初步训练。及时、独立、认真地完成实验报告。应根据实验记录，归纳总结实验现象和数据，分析讨论实验结果和问题，并得出相应的结论。

实验报告的书写在文字和格式方面都有严格的要求。内容一般包括：实验目的、实验原理、仪器与试剂、实验步骤、实验现象或数据记录、现象解释或数据处理、问题讨论、提出的改进意见、思考题回答等。不同类型的实验，报告格式有所不同。下面是三种典型实验报告格式。

例1　无机化合物提纯与制备类实验报告实例

实验一　粗食盐的提纯

一、目的要求

（1）掌握粗盐提纯的原理和方法。

（2）学习溶解、沉淀、过滤、抽滤、蒸发浓缩、结晶和烘干等操作。

（3）了解 Ca^{2+}、Mg^{2+}、SO_4^{2-} 等离子的定性鉴定。

二、实验原理

化学试剂或医药用的 NaCl 都是以粗食盐为原料提纯的。粗食盐中除了含有不溶性的泥沙等杂质外，还有一些可溶性的杂质，主要有 Ca^{2+}、Mg^{2+}、K^+、SO_4^{2-} 等。

不溶性的泥沙等可用溶解过滤的方法除去。可溶性的杂质需加入化学试剂使之生成沉淀除去。先加入稍过量 $BaCl_2$ 除去 SO_4^{2-}

$$Ba^{2+} + SO_4^{2-} = BaSO_4\downarrow$$

再加入 NaOH 和 Na_2CO_3 溶液除去 Ca^{2+}、Mg^{2+} 及过量的 Ba^{2+}

$$Ca^{2+} + CO_3^{2-} = CaCO_3\downarrow$$

$$Ba^{2+} + CO_3^{2-} = BaCO_3\downarrow \text{（多余的 } Ba^{2+}\text{）}$$

$$2Mg^{2+} + 2OH^- + CO_3^{2-} = Mg_2(OH)_2CO_3\downarrow$$

过量的 NaOH 和 Na_2CO_3 通过加 HCl 溶液除去。KCl 的溶解度比 NaCl 大，且在粗盐中含量较少，K^+ 在蒸发、浓缩、结晶后仍留在母液中，抽滤时除去。

三、实验用品

试剂： 粗食盐，2 mol·L^{-1}HCl，2 mol·L^{-1}NaOH，1 mol·$L^{-1}$$BaCl_2$，1 mol·$L^{-1}$$Na_2CO_3$，饱和 $(NH_4)_2C_2O_4$，镁试剂，pH 试纸。

仪器： 电子天平、烧杯、漏斗、布氏漏斗、抽滤瓶、真空泵、蒸发皿、酒精灯。

四、实验步骤

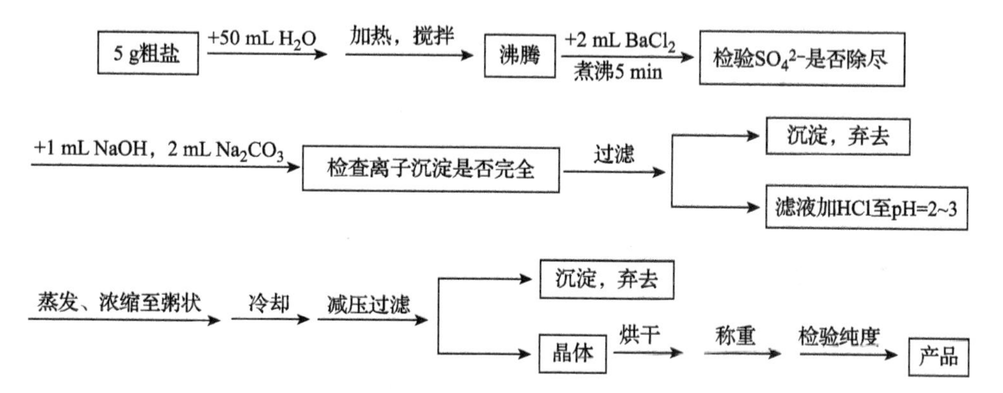

五、数据记录与结果处理

（1）*m*（粗盐）：__5.1 g__ *m*（产品）__4.0 g__ 产率__78%__

（2）产品纯度检验见表 0－1。

表 0－1 纯度检验

检验项目	SO_4^{2-}	Ca^{2+}	Mg^{2+}
检验方法	HCl 2 滴，$BaCl_2$ 2 滴	HAc 呈酸性，$(NH_4)_2C_2O_4$ 3 滴	NaOH 2 滴，镁试剂 1 滴
产品	澄清	澄清	紫色
粗食盐	浑浊	浑浊	蓝色

六、思考与讨论

（略）

例2 无机性质实验报告实例

实验二 p区非金属元素（一）

一、目的要求

（略）

二、实验原理

（略）

三、实验用品

（略）

四、实验步骤

实验与记录（表格形式，仅写出部分内容作示例）见表0－2。

表0－2 实验记录

序号	实验方法及步骤	现象	反应方程式与结论
1. 卤素的氧化性和卤离子的还原性			
（1）	卤素氧化性的比较 在试管①中 + 0.1 mol·L^{-1}KI 0.5 mL + 0.1 mol·$mL^{-1}$$FeCl_3$ 2滴 + CCl_4 0.5 mL	红色	$Fe^{3+}+2I^-=Fe^{2+}+I_2$
	在试管②中 + 0.1 mol·mL^{-1}KBr 0.5 mL + 0.1 mol·$mL^{-1}$$FeCl_3$ 2滴 + CCl_4 0.5 mL	无现象	—
（2）	卤离子还原性的比较 在试管①中 + NaCl（少量） + 1 mL H_2SO_4	无色气泡溢出	$NaCl+H_2SO_4=HCl+NaHSO_4$
	用玻棒蘸一些 $NH_3·H_2O$ 移近试管口 同上，在试管②中加 Cl_2 水	白色气体溢出	$HCl+NH_3·H_2O=H_2O+NH_4Cl$

5. Cl^-、Br^-、I^-离子共存的分离和鉴定

混合液○5～8滴

| ①加1～2滴6 mol·L^{-1} HNO_3 酸化

| ②水浴加热，搅拌，加0.1 mol·$L^{-1}$$AgNO_3$

↓ ↓

溶液○（弃去） ◇沉淀①用5滴 NH_4NO_3 溶液洗涤

| ②离心分离，加5～8滴银氨溶液搅拌、温热、分离

↓ ↓

○Ag $(NH_3)_2Cl$ ◇AgBr，AgI

↓加6 mol·L^{-1} HNO_3 | ①加 H_2O + Zn粉 + 1 mol·L^{-1} H_2SO_4 酸化

白色沉淀 | ②搅拌、温热

示有Cl^-

↓ ↓

◇（弃） ○Br^-，I^-

↓加 CCl_4 + Cl_2 水

○紫色，示有I^-

↓ Cl_2 水

○棕黄色，示有Br^-

五、思考与讨论

（略）

例3 滴定分析实验报告实例

实验三 0.1 mol·L^{-1}HCl溶液的标定

一、目的要求

（略）

二、实验原理

$$Na_2B_4O_7 \cdot 10H_2O + 2HCl = 4H_3BO_3 + 2NaCl + 5H_2O$$

计量点溶液 pH≈5 选用甲基红为指示剂。

三、实验用品

（1）仪器：酸式滴定管，锥形瓶，20 mL 移液管，分析天平。

（2）试剂：0.1 mol·L^{-1}HCl，（2 g·L^{-1}60%乙醇溶液）甲基红指示剂，硼砂。

四、实验步骤

准确称取硼砂 0.4～0.5 g —约 50 mL 水溶解→ 加 2 滴甲基红 —HCl 滴定→ 溶液由黄色变橙色

五、实验数据记录与结果处理

实验数据记录与结果处理见表 0－3。

表 0－3 数据记录与结果处理

项目		1	2	3
m（硼砂）/g		0.431 5	0.421 1	0.452 6
滴定用去 HCl 体积 /mL	初读数	0.10	0.00	0.05
	终读数	20.25	19.72	21.17
	V	20.15	19.72	21.12
c_{HCl}/（mol·L^{-1}）		0.112 3	0.112 0	0.112 4
$\bar{c}_{HCl}$/（mol·L^{-1}）		0.112 2		
$\overline{Rd}$/%		0.1		

六、思考与讨论

（略）

无机化学实验

第一部分

化学实验基础知识和基本操作

第1章　化学实验规则及安全知识

1.1 无机化学实验规则

（1）实验前认真预习，写出预习报告。

（2）遵守纪律，不迟到早退。进入实验室要穿工作服和包覆脚面的鞋，禁止穿拖鞋。禁止在实验室看其他书籍、听音乐、接打手机以及进行与实验无关的活动。保持实验室内安静。

（3）实验前清点仪器。实验过程中损坏仪器及时报告指导教师，填写破损单，由实验员依具体情况处理。

（4）实验时遵守操作规程，仔细观察，严格按照实验中所规定的实验步骤、试剂规格及用量来进行。若要改变，需经教师同意方可进行。将观察到的现象和数据如实记录在预习报告上。

（5）公用仪器和试剂用后复位，注意保持实验台面整洁。火柴、纸屑投入废物缸，有毒或腐蚀性废液、废渣收集于指定容器，以免堵塞或腐蚀水池造成污染。

（6）节约使用试剂、水、电。爱护仪器设备，使用精密仪器要填写使用记录。发现仪器故障，立即停止使用，报告教师。

（7）实验结束，整理台面、仪器、试剂架，清理废物、废液。所有实验废物应按固体、液体，有害、无害等分类收集于不同的容器中。少量的酸或碱在倒入下水道之前进行中和，用水稀释；有机溶剂必须倒入贴有标签的回收容器中，并存放在通风橱内；对能与水发生剧烈反应的化学品，处理之前要用适当方法在通风橱内分解；对可能致癌的物质，处理时应格外小心，避免与手接触。

（8）值日生负责整个实验室的清洁工作，关闭水、电阀门及门窗。实验室一切物品不得带离实验室。

1.2 实验室安全知识和意外事故处理

进行化学实验会接触一些有毒、易燃、易爆、有腐蚀性的试剂以及玻璃器皿、电气设备、加压和真空器具等。如不按照使用规则进行操作就可能发生中毒、火灾、爆炸、触电或仪器设备损坏等事故。因此实验者必须严格执行必要的安全规则。

1.2.1 实验室安全知识

（1）必须先学习安全守则及安全防护知识，才准许进入实验室工作。

（2）在实验室内进行每一项新工作以前，都得有针对性地了解并制定预防事故发生的措施。

（3）指导教师有责任定期检查学生关于实验室安全知识的掌握情况。

（4）应了解实验室内各项灭火及防护设备的情况，如沙箱、灭火器、淋水龙头、急救箱等器材的安放位置，并应定期检查与演练，熟悉使用方法。

（5）在存有爆炸物、危险物和特殊器材的地方，需要履行特别的安全制度。例如，禁止明火、禁止吸烟、禁止可能产生火花的摩擦等。

（6）严格遵守化学试剂的领用和管理制度。除特殊原因经有关负责人批准外，不准将化学试剂带出实验室。

（7）有毒和有刺激性气味的实验，在通风橱内进行，或采用气体吸收装置。

（8）绝不允许任意混合各种化学药品。

（9）实验过程中，不能用敞口容器加热和放置易燃、易挥发的化学药品。应根据实验要求和物质的特性，选择正确的加热方法。

（10）勿直接俯视容器中的化学反应或正在加热的液体。加热试管里的液体或易爆跳的固体时，管口不得对着自己或他人，也不得俯视正在加热的液体，以免液体突然溅出引起烫伤。

（11）检验无毒害气体的气味时，应离容器稍远些，用手轻轻扇动容器口上方的空气，使带有一小部分该气体的气流飘入鼻孔。

（12）进行危险实验时，使用防护眼罩、面罩、手套等防护用具。

（13）严禁在实验室内饮食、吸烟或把食具带入实验室。实验室任何药品严禁入口或接触伤口。

（14）易燃和具有腐蚀性的药品及毒品的使用规则如下。

①氢气与空气的混合物遇火会发生爆炸，因此产生氢气的装置要远离明火，点燃氢气前，必须检验氢气的纯度。进行产生大量氢气的实验时，应把尾气排入通风橱，并要注意室内的通风。

②浓酸和浓碱具有强腐蚀性，切勿溅到皮肤或衣物上。废酸应倒入废酸缸中，但不要往废酸缸中倾倒碱液，以免因酸碱中和放出大量的热而发生危险。

③强氧化剂（如氯酸钾）和某些混合物（如氯酸钾与红磷、碳、硫等的混合物）易发生爆炸，保存及使用这些药品时，应特别注意安全。

④银氨溶液久放后会变成氮化银而引起爆炸，因此用剩的银氨溶液必须酸化后回收。

⑤活泼金属钾、钠等不得与水接触或暴露在空气中，应将它们保存在煤油中，使用时用镊子取用。

⑥白磷剧毒，并能灼伤皮肤，切勿让它与人体接触。白磷在空气中易自燃，应保存在水中，应在水面下进行切割，取用时也要用镊子。

⑦有机溶剂（乙醇、乙醚、苯、丙酮等）易燃，使用时一定要远离明火。用后要把瓶塞塞紧，放在阴凉的地方。

⑧下列实验应在通风橱内进行：制备具有刺激性的、恶臭和有毒的气体或进行能产生这些气体的反应时（如硫化氢、氯气、一氧化碳、二氧化氮、三氧化硫、溴等）；使用有毒溶剂的实验；加热、蒸发或分解能产生 HF、HCl、HNO_3等强腐蚀性气体的实验。

⑨可溶性汞盐、铅盐、铬的化合物、氮化物、锑盐、镉盐、钡盐、砷盐和氰化物都有毒，有的还是剧毒，使用时应严防误入口内或接触伤口。氰化物遇到酸，立即反应放出剧毒的 HCN，使人中毒。含氰化物废液不能倒入下水道，应统一回收并处理。金属汞易挥发，人若吸入其蒸气会引起慢性中毒。一旦有汞洒落在桌面或地上，必须尽可能收集起来，然后用硫黄粉盖在洒落的地方，使汞变成不挥发的硫化汞。

（15）实验完毕，洗手后离开。

1.2.2　实验室意外事故处理

实验室中都备有急救箱，箱内放置碘酒、红药水、医用酒精和1%的碳酸氢钠、硼酸溶液以及创可贴、脱脂棉等常用药品。实验室还安装了洗眼器和淋浴。伤情严重者应及时送医院处理。

1. 割伤

先取出伤口内异物，用水冲洗后，贴上创可贴。

2. 烫伤

轻度烫伤可用冷水冲或将烫伤部位在冷水中浸 10～15 分钟，用苦味酸饱和溶液洗涤后涂抹凡士林或烫伤药膏，但大面积及深度烫伤切勿用水冲洗。重度烫伤，要立即送医院治疗。

3. 酸灼伤

先用大量水冲洗，再用饱和 $NaHCO_3$（眼睛灼伤用1% $NaHCO_3$溶液，皮肤灼伤用5% $NaHCO_3$溶液）或稀氨水冲洗，之后再用水冲洗。如被浓硫酸溅到，先用药棉尽量擦净后再按上法处理。

4. 碱灼伤

先用大量水冲洗，再用质量分数为1%～2%的乙酸或硼酸溶液洗，之后用水冲洗。

5. 腐蚀

溴、白磷、浓酸、浓碱对人体皮肤和眼睛具有强烈的腐蚀作用，有些固态物质（如重铬酸钾）在研磨时扬起的细尘对皮肤及视神经也有破坏作用，进行任何实验时均应注意保护眼睛，使其不受任何试剂的侵蚀。

白磷腐蚀时，伤处应立即用1%硝酸银溶液或2%硫酸铜溶液或浓的高锰酸钾溶液擦洗，然后用2%硫酸铜溶液润湿过的绷带盖覆在伤处，最后包扎。

6. 中毒

在化学实验室中，具有毒性的试剂为数不少，实验前应该熟悉实验用的毒性试剂的性状、使用规则及预防中毒的常识，实验时应严格按照规定方法使用，实验完毕必须立即收集处理，用剩的毒性试剂及有毒的废液应交给指导教师，不得随便乱放，以确保安全。实验中遭到有毒物质伤害时，应及时处理。

（1）吸入有毒气体或蒸气时，应迅速将中毒者移至有新鲜空气的地方，并使其嗅闻解毒剂蒸气。

（2）皮肤沾染毒物时，必须先用大量水冲洗，再用消毒剂洗涤。如沾染毒物的地方有伤口，应迅速处理并立即请医生治疗。

（3）吃进毒品危险性最大，因此在化学实验室中必须养成良好的工作习惯。实验工作要有条理，工作台应经常保持干净。使用有毒试剂要谨慎，避免毒品撒落在桌上，如偶有掉落应及时处理。实验时应确保手和衣服不沾染毒物，实验后应把手充分洗净，以免毒物进入口中。如果万一不慎发生中毒现象应立即急救。先让中毒者喝温热的水或饮服稀硫酸铜溶液，然后将手指伸入喉部，促其呕吐，随后迅速送医院诊治。

常见毒品及解毒急救方法简要列于表1－1中。

表1－1　常见毒品及解毒急救方法

毒　品	解毒急救方法
氯、溴、氯化氢蒸气	吸入稀氨水与乙醇或乙醚的混合液蒸气
胂（砷化氢）、膦（磷化氢）	吸入水蒸气，或服1%乙酸溶液，同时服吞小冰块
硫化氢、一氧化碳、氢氰酸	呼吸新鲜空气
氨、苛性碱	呼吸氧气，施行人工呼吸
氰化钾、砷盐	服新沉淀的氢氧化亚铁悬浮液（混合 Na_2CO_3 和 $FeSO_4$ 溶液）

1.2.3　灭火常识

（1）防止火势蔓延，关闭煤气阀门，切断电源，移走一切可燃物质。

（2）灭火一是降温，二是隔绝空气。

①小火可用湿布、石棉布或沙土覆盖于着火物体。

②火势较大用灭火器灭火。泡沫灭火器可用于一般的起火，但不适用于电器和有机溶剂起火。二氧化碳灭火器用于油类、电器等起火，但不适用于金属起火。

③衣服着火时，可立即脱下或用泼水、就地打滚等方法灭火，切勿慌乱。

1.3　灭火器简介

1. 灭火器原理

如果实验室内发生火灾，应根据具体情况，立即采取措施尽快扑灭。一般燃烧需要足够的氧气来维持，因此可以采用下列方法扑灭火焰。

（1）移去或隔绝燃料的来源。

（2）隔绝空气来源。

（3）冷却燃烧物质，使其温度降低到它的着火点以下。

某些类型的灭火器就是利用（2）（3）两种作用机理制造的。

2. 几种常见灭火器的构造和使用方法

常见的灭火器有泡沫灭火器、二氧化碳灭火器和干粉灭火器等。

1）泡沫灭火器

泡沫灭火器的结构如图 1－1 所示。

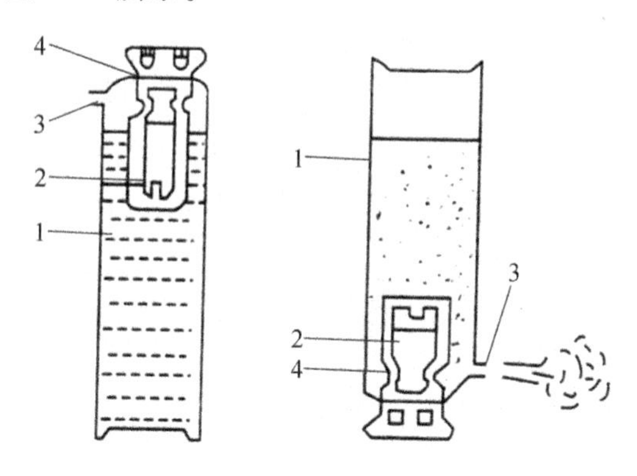

图 1－1　泡沫灭火器构造简图

1—钢制圆筒；2—玻璃瓶；3—喷口；4—金属支架

钢筒内几乎装满浓的碳酸氢钠（或碳酸钠）溶液，并掺入少量能促进起泡沫的物质。钢筒的上部装有一个玻璃瓶，内装硫酸（或硫酸铝溶液）。使用时，把钢筒倒翻过来使筒底朝上，并将喷口朝向燃烧物，此时硫酸（或硫酸铝）与碳酸氢钠接触，发生化学作用产生二氧化碳气体。被二氧化碳所饱和的液体受到高压，掺着泡沫形成一股强烈的激流喷出，覆盖住火焰，使火焰隔绝空气；另外，由于水的蒸发使燃烧物的温度降低，火焰即被扑灭。泡沫灭火器用来扑灭液体的燃烧最有效，因为稳定的泡沫能将液体覆盖住，使之与空气隔绝。但因为灭火时喷出的液体和泡沫是一种电的良导体，故不能用于电器失火或漏电所引起的火灾。遇到这种情况应先把电源切断，然后再使用其他灭火器灭火。

2）二氧化碳灭火器

将二氧化碳装在钢瓶内，使用时将喷口朝向燃烧物，旋开阀门，二氧化碳即喷出覆盖于燃烧物上，由于钢瓶喷出的二氧化碳温度很低，燃烧物温度剧烈下降，同时借二氧化碳气层把空气与燃烧物隔开，可达到灭火目的。

这一类的灭火器比泡沫式灭火器优越，因为二氧化碳蒸发后没有残留物，不会使精密仪器受到污损，而且对有电流通过的仪器也可使用。

3）干粉灭火器

手提贮压式干粉灭火器是一种新型高效的灭火器，它用磷酸铵盐（干粉）作为灭火剂，以氮气作为干粉驱动气。灭火时，手提灭火器，拔出保险销，手握胶管，在离火面有效距离内，将喷嘴对准火焰根部，按下压把，推动喷射。此时应不断摆动喷嘴，使氮气流及喷出的干粉横扫整个火焰区，可迅速把火扑灭。灭火过程中，机头应朝上，倾斜度不能过大，切勿放平或倒置使用。这种灭火器具有灭火速度快、效率高、质量轻、使用灵活方便等特点，适用于扑救固体有机物质、油漆、易燃液体、气体和电器设备的初起火灾。

3. 灭火器的维护和使用注意事项

（1）应经常检查灭火器的内装药品是否变质和零件是否损坏，药品不够应及时添加，压力不足应及时加压，尤其要经常检查喷口是否被堵塞，如果喷口被堵塞，使用时灭火器将发生严重爆炸事故。

（2）灭火器应挂在固定的位置，不得随意移动。

（3）使用时不要慌张，应以正确的方法开启阀门，才能使内容物喷出。

（4）灭火器一般只适用于熄灭刚刚产生的火苗或火势较小的火灾，对于已蔓成大火的情况，灭火器的效力就不够了。不要正对火焰中心喷射，以防着火物溅出使火焰蔓延，而应从火焰边缘开始喷射。

（5）灭火器一次使用后，可再次装药加压，以备后用。

1.4 实验室三废处理

1. 废气

根据废气特性，使用气体吸收装置和相应的吸收液或吸附材料来吸收处理。例如：卤化氢、二氧化硫等酸性气体，可用碳酸钠、氢氧化钠等碱性水溶液吸收。一些有毒气体可用活性炭、分子筛、硅藻土等吸收塔吸收。

2. 废液

对于废酸液，可先用耐酸塑料网纱或玻璃纤维过滤，然后加碱中和，调 pH 值至 6 ~ 8 后可排出，少量废渣埋于地下；对于含汞、铅、镉、砷、氰化物等有毒物质的溶液，根据其化合物性质，采用化学反应使其转化为固体、沉淀或无毒化合物，送交专业人员和部门处理。

3. 废渣

无毒废渣可在指定地点深埋，有毒废渣必须交有关专业部门处理。

第2章　化学实验基础知识

2.1 无机化学实验常用仪器及装置介绍

无机化学实验常用仪器用途及使用方法见表2-1。

表2-1　无机化学实验常用仪器名称、用途、使用方法及注意事项

仪　器	规　格	主要用途	使用方法和注意事项
试管、离心试管	玻璃制品，分硬质和软质，有普通试管和离心试管；有刻度和无刻度。 有刻度的试管和离心试管按容量（mL）分，常用的有5、10、15、20、25、50等； 无刻度试管按管外径（mm）×管长（mm）分，有8×70、10×75、10×100、12×100、12×120、15×150、30×200等	（1）用作少量试剂反应容器，便于操作和观察； （2）收集少量气体用； （3）离心试管可用于沉淀分离	（1）反应液体不超过试管容积的1/2，加热时不超过1/3； （2）加热前试管外面要擦干，加热时要用试管夹； （3）加热液体时，管口不要对人，并将试管倾斜与桌面呈45°，同时不断振荡，火焰上端不能超过管里液面； （4）加热固体时，管口应略向下倾斜，增大受热面，避免管口冷凝水流回灼热管底而引起破裂； （5）离心试管不可直接加热，防止破裂
烧杯	玻璃制品，分硬质和软质，有一般型和高型，有刻度和无刻度 按容量（mL）分，有50、100、150、200、250、500等	（1）作大量物质反应容器； （2）配制溶液用； （3）代替水槽用	（1）反应液体不得超过烧杯容量的2/3，防止搅动时液体溅出或沸腾时液体溢出； （2）加热前要将烧杯外壁擦干，烧杯底要垫石棉网，防止玻璃受热不均匀而破裂
锥形瓶	玻璃制品。 按容量（mL）分，有50、100、150、200、250等	（1）反应容器； （2）振荡方便，用于滴定操作	（1）盛液不能太多，避免振荡时溅出液体； （2）加热应下垫石棉网或置于水浴中，防止受热不均而破裂

（续）

仪　器	规　格	主要用途	使用方法和注意事项
滴瓶	玻璃制品，分棕色、无色两种，滴管上带有橡皮胶头。 按容量（mL）分，有15、30、60、125等	盛放少量液体试剂或溶液，便于取用	（1）棕色瓶放见光易分解或不太稳定的物质，防止物质分解或变质； （2）滴管不能吸得太满，也不能倒置，防止试剂侵蚀橡皮胶头； （3）滴管专用，不得弄乱、弄脏，防止沾污试剂
细口瓶	玻璃制品，有磨口和不磨口，无色和棕色。 按容量（mL）分，有100、125、250、500、1 000等。 细口瓶又叫试剂瓶	储存溶液和液体药品的容器	（1）不能直接加热； （2）瓶塞不能弄脏、弄乱，防止沾污试剂； （3）盛放碱液应改用胶塞，防止碱液与玻璃作用； （4）有磨口塞的细口瓶不用时应洗净并在磨口处垫上纸条，防止粘连； （5）有色瓶盛见光易分解或不太稳定的物质的溶液或液体
广口瓶	玻璃制品，有无色和棕色，有磨口和不磨口的，磨口有塞，若无塞的口上是磨砂的则为集气瓶。 按容量（mL）分，有30、60、125、250、500等	（1）储存固体药品用； （2）集气瓶还用于收集气体	（1）不能直接加热； （2）瓶塞不能弄脏、弄乱，防止沾污试剂； （3）不能放碱，防止碱液与玻璃作用，使塞子打不开； （4）做气体燃烧实验时瓶底应放少许砂子或水，防止瓶破裂； （5）收集气体后，要用毛玻璃片盖住瓶口，防止气体逸出
量筒	玻璃制品。 按容量（mL）分，有5、10、20、25、50、100、200等。上口大下部小的叫量杯	用于量取一定体积的液体	（1）应竖直放在桌面上，读数时，视线应和液面水平，读取与弯月面底相切的刻度； （2）不可加热，不可作为实验（如溶解、稀释等）容器； （3）不可量热溶液或液体

（续）

仪　器	规　格	主要用途	使用方法和注意事项
容量瓶	玻璃制品。 按容量（mL）分，有5、10、25、50、100、150、200、250等	配制准确浓度溶液用	（1）溶质先在烧杯内全部溶解，然后移入容量瓶； （2）不能加热，不能代替试剂瓶存放溶液
称量瓶	玻璃制品，分高型、矮型两种。 按容量（mL）分：高型有10、20、25、40；矮型有5、10、15、30等	准确称取一定量固体药品时用	（1）不能加热； （2）盖子是磨口配套的，不得丢失，以免使药品沾污； （3）不用时应洗净，在磨口处垫上纸条，防止粘连打不开玻璃盖
长颈漏斗、漏斗	玻璃制品或搪瓷制品，分长颈和短颈两种。 按斗径（mm）分，有30、40、60、100、120等。 此外铜制热漏斗专用于热滤	（1）过滤液体； （2）倾注液体； （3）长颈漏斗常装配气体发生器，加液用	（1）不可直接加热； （2）过滤时漏斗颈尖端必须紧靠承接滤液的容器壁，防止滤液溅出； （3）长颈漏斗作加液时斗颈应插入液面内，防止气体自漏斗泄出
抽滤瓶、布氏漏斗	布氏漏斗为瓷制品，规格以直径（mm）表示。抽滤瓶为玻璃制品，按容量（mL）分，有50、100、250、500等。两者配套使用	用于晶体或沉淀的减压过滤（利用抽气管或真空泵降低抽滤瓶中压力来减压过滤）	（1）不能直接加热； （2）滤纸要略小于漏斗的内径； （3）先开抽气管，后过滤。过滤完毕后，先分开抽气管与抽滤瓶的连接处，后关抽气管，防止抽气管水流倒吸
蒸发皿	瓷制品，也有玻璃、石英、铂制品，有平底和圆底两种规格。 按容量（mL）分，有75、200、400等	作蒸发、浓缩溶液用。随液体性质不同可选用不同性质的蒸发皿	（1）耐高温，不宜骤冷； （2）一般放在石棉网上加热，受热均匀
表面皿	玻璃制品。 按直径（mm）分，有45、65、75、90等	盖在烧杯上，防止液体迸溅或其他用途	不能用火直接加热

（续）

仪 器	规 格	主要用途	使用方法和注意事项
坩埚	瓷制品，也有石墨、石英、氧化锆、铁、镍或铂制品。 以容量（mL）分，有10、15、25、50等	强热、煅烧固体用。随固体性质不同可选用不同材质的坩埚	（1）放在泥三角上直接强热或煅烧，耐高温； （2）加热或反应完毕后用坩埚钳取下时，坩埚钳应预热，取下后应放置石棉网上，防止骤冷而破裂，防止烧坏桌面
研钵	瓷制品，也有玻璃、玛瑙或铁制品。规格以口径大小表示	（1）研碎固体物质； （2）固体物质的混合； （3）按固体的性质和硬度选用不同的研钵	（1）大块物质只能压碎，不能砸碎，防止击碎研钵和杵，避免固体飞溅； （2）放入量不宜超过研钵容积的1/3，以免研磨时把物质甩出； （3）易爆物质只能轻轻压碎，不能研磨，防止爆炸
单爪夹 铁圈 铁架台	铁制品，铁夹现在有铝制的。 铁架台有圆形的也有长方形的	用于固定或放置反应容器。铁圈还可代替漏斗架使用	（1）仪器固定在铁架台上时，仪器和铁架的重心应落在铁架台底盘中部，防止站立不稳而翻倒； （2）用铁夹夹持仪器时，应以仪器不能转动为宜，不能过紧或过松，过松易脱落，过紧可能夹破仪器； （3）加热后的铁圈不能撞击或摔落在地，避免断裂
试管架	有木质、塑料和铝质的，有不同形状和大小	放试管	加热后的试管应用试管夹夹住悬放架上
漏斗架	木制品，有螺丝可固定于铁架或木架上，也叫漏斗板	过滤时承接漏斗用	固定漏斗架时，不要倒放以免损坏
三脚架	铁制品，有大小、高低之分，比较牢固	放置较大或较重的加热容器	（1）放置加热容器（除水浴锅外）应先放石棉网，使加热容器受热均匀； （2）下面加热灯焰的位置要合适，一般用氧化焰加热，使加热温度高

（续）

仪　器	规　格	主要用途	使用方法和注意事项
泥三角	由铁丝扭成，套有瓷管。有大小之分	灼烧坩埚时放置坩埚用	（1）使用前应检查铁丝是否断裂；
石棉网	由铁丝编成，中间涂有石棉。有大小之分	石棉是一种不良导体，它能使受热物体均匀受热，不致造成局部高温	（1）应先检查，石棉脱落的不能用； （2）不能与水接触，以免石棉脱落或铁丝锈蚀； （3）不可卷、折，石棉松脆，易损坏
药匙	由牛角、瓷或塑料制成。现多数是塑料的	取用固体药品之用。药勺两端各有一个勺，一大一小	取用一种药品后，必须洗净，并用滤纸擦干后，才能取用另一种药品，避免沾污试剂，发生事故
（铜）（木） 试管夹	有木制品、竹制品，也有金属丝（钢或铜）制品，形状也不同	夹持试管	（1）夹在试管上端，便于摇动试管，避免烧焦夹子； （2）不要把拇指按在夹的活动部分，避免试管脱落； （3）一定要从试管底部套上和取下试管夹，这是操作规范化的要求
坩埚钳	铁制品，有大小、长短的不同（要求开启或关闭钳子时不要太紧和太松）	夹持坩埚加热或往高温电炉（马弗炉）中放、取坩埚（亦可用于夹取热的蒸发皿）	（1）使用时必须用干净的坩埚钳，防止弄脏坩埚中的药品； （2）坩埚钳用后，应尖端向上平放在实验台上（如温度很高，则应放在石棉网上），保证坩埚钳尖端洁净，并防止烫坏实验台； （3）实验完毕后，应将钳子擦干净，放入实验柜中，干燥放置，防止坩埚钳锈蚀
毛刷	以大小或用途表示。如试管刷、滴定管刷等	洗刷玻璃仪器	洗涤时手持刷子的部位要合适。要注意毛刷顶部竖毛的完整程度，避免洗不到仪器顶端，或刷顶撞破仪器

（续）

仪　器	规　格	主要用途	使用方法和注意事项
水浴锅	铜或铝制品	用于间接加热，也可用于粗略控温实验中	（1）应选择好圈环，使加热器皿没入锅中2/3，使加热物品受热上下均匀； （2）经常加水，防止将锅内水烧干，将水浴锅烧坏； （3）用完将锅内剩水倒出并擦干水浴锅，防止锈蚀（如铜制品会生铜绿）
燃烧匙	匙头铜质，也有铁制品	检验可燃性，进行固气燃烧反应用	（1）放入集气瓶时应由上而下慢慢放入，且不要触及瓶壁，保证充分燃烧，防止集气瓶破裂； （2）硫黄、钾、钠燃烧实验，应在匙底垫上少许石棉或砂子，以免发生反应，腐蚀燃烧匙； （3）用完立即洗净匙头并干燥
螺旋夹 自由夹	铁制品，自由夹也叫弹簧夹、水止夹或皮管夹等。螺旋夹也叫节流夹	在蒸馏水储瓶、制气或其他实验装置中沟通或关闭流体的通路。螺旋夹还可控制流体的流量	一般将夹子夹在连接导管的胶管中部（关闭），或夹在玻璃导管上（沟通）。螺旋夹还可随时夹上或取下。注意： （1）应使胶管夹在自由夹的中间部位，防止夹持不牢，漏液或漏气； （2）在蒸馏水储瓶的装置中，夹子夹持胶管的部位应常变动，防止长期夹持，胶管粘结； （3）实验完毕，应及时拆卸装置，夹子擦净放入柜中，防止夹子弹性减小和夹子锈蚀
洗气瓶	玻璃质，形状有多种。 按容量（mL）分，有125、250、500、1 000等	净化气体用，反接也可作安全瓶（或缓冲瓶）用	（1）接法要正确（进气管通入液体中），接不对达不到洗气目的； （2）洗涤液注入容器高度不得超过容器的1/2，防止洗涤液被气体冲出
烧瓶	玻璃制品，分硬质和软质，有平底、圆底、长颈、短颈、细口、粗口几种。 按容量（mL）分，有50、100、250、500、1 000等	用作加热或不加热条件下较多液体参加的反应容器	平底烧瓶一般不作加热仪器，圆底烧瓶加热要垫石棉网，或水浴加热。液体量不超过烧瓶容积的1/2

（续）

仪　器	规　格	主要用途	使用方法和注意事项
蒸馏烧瓶	玻璃制品。 按容量（mL）分，有50、100、250、500、1 000等	作液体混合物的蒸馏或分馏	加热要垫石棉网，要加碎瓷片防止暴沸，分馏时温度计水银球位置在支管口处
分液漏斗	玻璃制品。有球形、梨形、筒形和锥形几种。 按容量（mL）分，有50、100、250、500等	（1）用于互不相溶的液—液分离； （2）气体发生器装置中加液用	（1）不能加热； （2）塞上涂一薄层凡士林； （3）分液时，下层液体从漏斗管流出，上层液体从上口倒出，防止分离不清； （4）装气体发生器时漏斗管应插入液面内（漏斗管不够长，可接管）或改装成恒压漏斗，防止气体自漏斗管喷出
干燥管	玻璃制品，还有其他形状的，以大小表示	干燥气体	（1）干燥剂颗粒要大小适中，填充时松紧要适中，不与气体反应，加强干燥效果，避免失效； （2）两端要用棉花团，避免气流将干燥剂粉末带出； （3）干燥剂变潮后应立即换干燥剂，用后应清洗，避免沾污仪器，提高干燥效率； （4）两头要接对（大头进气，小头出气），并固定在铁架台上使用，防止漏气
干燥器	常用玻璃制品，规格有（mm）100、150、210、300、400等	用于存放需要保持干燥的物品的容器	灼烧后的坩埚内药品需要干燥时，须待冷却后再将坩埚放入干燥器中

2.2 实验室用水的规格、制备及检验

在化学实验中，根据任务及要求的不同，对水的纯度要求也不同。对于一般的分析工作，采用蒸馏水或去离子水即可；而对于超纯物质分析，则要求纯度较高的“高纯水”。

1. 化学实验室用水分级

化学实验室用水分为三个级别：一级水、二级水和三级水。

一级水用于有严格要求的分析实验，包括对颗粒度有要求的实验，如高效液相色谱用水。一级水可用二级水经过石英设备蒸馏或离子交换混合床处理后，再用0.2 nm微孔滤膜过滤来制取。

二级水用于无机痕量分析等实验，采用多次蒸馏或离子交换等方法制得。

三级水用于一般的化学分析实验。过去多采用蒸馏方法制备，故通常称为蒸馏水。为节省能源减少污染，目前多采用离子交换法或电渗法制备。

实验室使用的去离子水，为保持纯净，水瓶要随时加塞，专用虹吸管内外应保持干净。去离子水附近不要放浓盐酸等易挥发的试剂，以防污染。通常用洗瓶取去离子水。用洗瓶取水时，不要把去离子水瓶上的虹吸管插入洗瓶内。

通常，普通蒸馏水保存在玻璃容器中；去离子水保存在乙烯塑料容器内；用于痕量分析的高纯水，如二次亚沸石英蒸馏水，则需要保存在石英或聚乙烯塑料容器中。

2. 各种纯度水的制备

1）蒸馏水

将自来水在蒸发装置上加热汽化，然后将蒸汽冷凝即得到蒸馏水。由于杂质离子一般不挥发，所以蒸馏水中所含杂质比自来水少得多，比较纯净，可达到三级水的标准，但还是有少量的金属离子、二氧化碳等杂质。

2）二次亚沸石英蒸馏水

为了获得比较纯净的蒸馏水，可以进行重蒸馏，并在准备重蒸馏的蒸馏水中加入适当的试剂以抑制某些杂质的挥发。加入甘露醇能抑制硼的挥发，加入碱性高锰酸钾可破坏有机物并防止二氧化碳蒸出。二次蒸馏水一般可达到二级标准。第二次蒸馏通常采用石英亚沸蒸馏器，其特点是在液面上方加热，使液面始终处于亚沸状态，可使水蒸气带出的杂质减至最低。

3）去离子水

去离子水是使自来水或普通蒸馏水通过离子交换树脂柱后所得水。配置时，一般将水依次通过阳离子交换树脂柱、阴离子交换树脂柱和阴阳离子交换树脂柱。这样得到的水纯度高，质量可达到二级或一级水指标，但对非电解质及胶体物质无效，同时会有微量的有机物从树脂中溶出，因此，根据需要可将去离子水进行重蒸馏得到高纯水。

2.3 化学试剂的规格及存放

1. 化学试剂的规格

根据国家标准（GB）及部颁标准，化学试剂按其纯度和杂质含量的高低分为四个等级（见表2-2）。

表 2-2　化学试剂的级别

试剂级别	一等品	二等品	三等品	四等品
纯度分类	优级纯（GR）	分析纯（AR）	化学纯（CP）	实验试剂（LR）
标签颜色	绿色	红色	蓝色	黄色

（1）优级纯试剂，称保证试剂，为一级品，纯度高，杂质极少，主要用于精密分析和科学研究，常以 GR 表示。

（2）分析纯试剂，简称分析试剂，为二级品，纯度略低于优级纯，适用于重要分析和一般性研究工作，常以 AR 表示。

（3）化学纯试剂，为三级品，纯度较分析纯差，适用于工厂、学校一般性的分析工作，常以 CP 表示。

（4）实验试剂为四级品，纯度比化学纯差，但比工业品纯度高，主要用于一般化学实验，不能用于分析工作，常以 LR 表示。

化学试剂除上述几个等级外，还有基准试剂、光谱纯试剂及超纯试剂等。基准试剂相当于或高于优级纯试剂，是专作滴定分析的基准物质，用以确定未知溶液的准确浓度或直接配制标准溶液，其主成分含量一般在 99.95%~100.0%。光谱纯试剂主要用于光谱分析中作标准物质，其杂质用光谱分析法测不出或杂质低于某一限度，纯度在 99.99% 以上。超纯试剂又称高纯试剂，是用一些特殊设备如石英、铂器皿生产的。

2. 试剂的存放

化学试剂在贮存时常因保管不当而变质。有些试剂容易吸湿而潮解或水解；有的容易跟空气里的氧气、二氧化碳或扩散在其中的其他气体发生反应，还有一些试剂受光照和环境温度的影响会变质。因此，必须根据试剂的不同性质，分别采取相应的措施妥善保存。一般有以下几种保存方法。

（1）密封保存。试剂取用后用塞子盖紧，特别是挥发性的物质（如硝酸、盐酸、氨水）以及很多低沸点有机物（如乙醚、丙酮、甲醛、乙醛、氯仿、苯等），必须严密盖紧。有些吸湿性极强或遇水蒸气发生强烈水解的试剂，如五氧化二磷、无水 $AlCl_3$ 等，不仅要严密盖紧，还要蜡封。

（2）用棕色瓶盛放并置于阴凉处。光照或受热容易变质的试剂（如浓硝酸、硝酸银、氯化汞、碘化钾、过氧化氢以及溴水、氯水）要存放在棕色瓶里，并放在阴凉处，防止分解变质。

（3）危险药品要跟其他药品分开存放。易发生爆炸、燃烧、毒害、腐蚀和具有放射性等的危险性物质，以及受到外界因素影响能引起灾害性事故的化学药品，都属于化学危险品。一定要单独存放，例如高氯酸不能与有机物接触，否则易发生爆炸。强氧化性物质和有机溶剂能腐蚀橡皮，不能盛放在带橡皮塞的玻璃瓶中。容易侵蚀玻璃而影响试剂纯度的试剂，如氢氟酸、含氟盐（氟化钾、氟化钠、氟化铵）和苛性碱（氢氧化钾、氢氧化钠），保存在聚乙烯塑料瓶或涂有石蜡的玻璃瓶中。剧毒品必须存放在保险柜中，加锁保管。取用时要有两人以上共同操作，并记录用途和用量，随用随取，严格管理。腐蚀性强的试剂要设有专门的存放橱。

第3章　化学实验基本操作

3.1 玻璃器皿的洗涤和干燥

3.1.1 玻璃仪器的洗涤

为了使实验得到正确的结果，实验所用的仪器必须洁净，有些实验仪器要干燥。应根据实验要求、污物性质和沾污的程度来选择适宜的洗涤方法。

1. 刷洗

仪器上的尘土、不溶性物质和可溶性物质用自来水和毛刷除去。

2. 用去污粉、合成洗涤剂或热的碱液洗

用水刷洗不掉的油污或一些有机污物常用毛刷蘸取去污粉或合成洗涤剂刷洗，之后，再用自来水清洗。有时去污粉的微小粒子会粘附在玻璃器皿壁上，不易被水冲走，此时可用2%盐酸摇洗一次，再用自来水清洗，若油垢和有机物质仍洗不干净，则用热的碱液洗。但滴定管、移液管等量器，不宜用强碱性的洗涤剂。

3. 用洗液洗

用肥皂液或合成洗涤剂等仍刷洗不掉的污物，或者仪器因口小、管细不便用毛刷刷洗，就要用少量铬酸洗液洗涤，也可针对具体的污物选用适当的洗液或方法处理。

用铬酸洗液洗涤时，往仪器内注入少量洗液，使仪器倾斜并慢慢转动，让仪器内壁全部被洗液湿润。再转动仪器，使洗液在内壁流动，经流动几圈后，把洗液倒回原瓶（所用铬酸洗液变成暗绿色后，需再生才能使用）。对沾污严重的仪器用洗液浸泡一段时间，或者用热洗液洗涤，效率更高。Cr（Ⅵ）有毒！清洗残留在器壁上的洗液时，第一、二遍的洗涤水不要倒入下水道，以免锈蚀管道和污染环境，应回收处理（简便的处理方法是在回收液中加入硫酸亚铁，使Cr（Ⅵ）还原成毒性较小的Cr（Ⅲ），再排放）。

4. 去离子水荡洗

刷洗、洗涤剂或洗液洗过后，用自来水连续淋洗数次，最后用去离子水荡洗2~3次，以除去由自来水带入的钙、镁、钠、铁、氯等离子。洗涤方法一般是用洗瓶向容器内壁挤入少量水，同时转动器皿或变换洗瓶水流方向，使水能充分淋洗内壁，以少量多次为原则。

洗净的仪器透明，器壁不挂水珠。

3.1.2 玻璃仪器的干燥

（1）晾干法

（图3-1）一般将洗净的仪器倒置或挂在晾板上一段时间，晾干后即可使用。

（2）烤干法

可加热耐高温的仪器，如试管、烧杯、烧瓶等急等使用时，加热使水分迅速蒸发而使仪器干燥。加热前先将仪器外壁擦干，然后用小火烤。加热时用试管夹或坩埚钳将仪器夹住并在火旁转动或摆动，使仪器受热均匀。

（3）吹干法

（图3-2）马上使用而又要求干燥的仪器可用冷—热风机或气流烘干器吹干。

（4）烘干法

如需要干燥较多仪器，通常使用电热干燥箱（电烘箱）。将洗净的仪器倒置稍控后，放入电烘箱内的隔板上，关好门，一般将烘箱内温度控制在110～120 ℃，烘干1 h。要注意以下几点：①带有刻度的计量仪器（容量器皿）不能用加热的方法进行干燥，以免影响体积准确度；②对厚壁仪器和实心玻璃塞烘干时，升温要慢；③带有玻璃塞的仪器要拔出塞一同干燥，但木塞和橡胶塞不能放入烘箱烘干，应在干燥器中干燥。

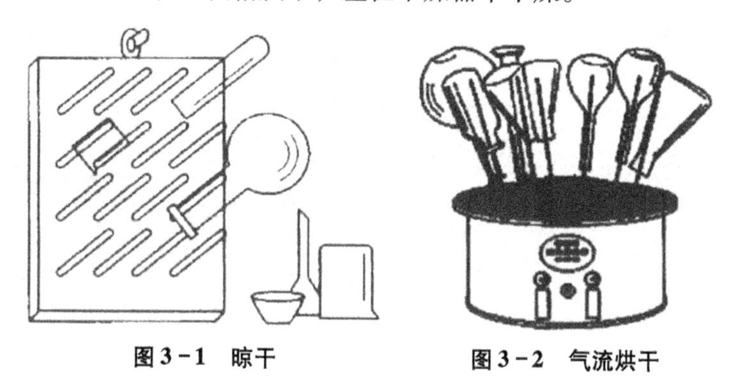

图3-1 晾干　　图3-2 气流烘干

（5）快干法

快干法一般只在实验中临时使用。将仪器洗净后倒置稍控干，加入少量（3～5 mL）能与水互溶且挥发性较大的有机溶剂（常用无水乙醇、丙酮或乙醚等），将仪器转动使溶剂在内壁流动，待内壁全部浸湿后倾出（使用后的乙醇或丙酮应倒回专用的回收瓶中），擦干仪器外壁，再用电吹风吹干。先吹冷风1～2 min，当大部分溶剂挥发后，再吹入热风使其干燥完全（有机溶剂蒸气易燃、易爆，故不宜先用热风吹），吹干后再吹冷风使仪器逐渐冷却。此法尤其适用于不能烤干、烘干的计量仪器。

3.2 试剂的取用

3.2.1 固体试剂的取用

少量固体试剂，用清洁、干燥的药勺取用。药勺最好专勺专用，否则必须擦试干净后方可取另一种药品；多取的药品不能倒回原瓶，放在指定容器供他人使用。

一般的固体试剂可放在干燥的纸上称量，具有腐蚀性或易潮解的固体应放在表面皿或玻璃容器内称量，固体颗粒较大时，在清洁干燥的研钵中研碎再称量。

往试管中加入固体试剂时，应用药匙（图3－3）或干净的对折纸片（图3－4）装上后伸进试管约三分之二处倾倒；加入块状固体时，应将试管倾斜，使其沿管壁慢慢滑下，以免碰破管底。

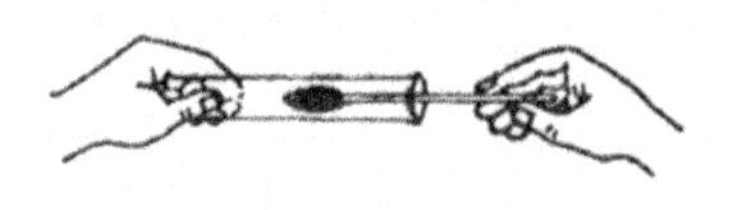

图3－3　用药匙加固体试剂

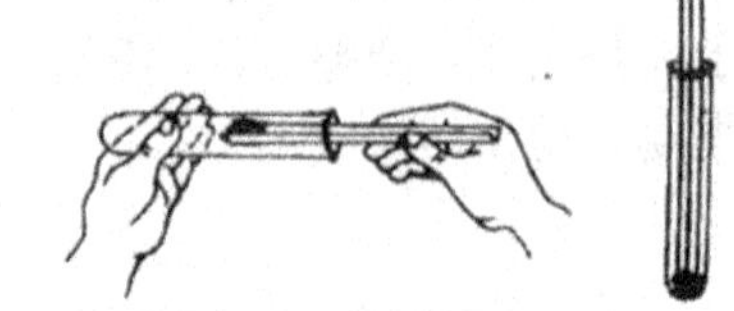

图3－4　用纸槽加固体试剂

3.2.2　液体试剂的取用

（1）从试剂瓶中取出液体试剂，用倾注法。取下瓶盖仰放于桌面，手握住试剂瓶上贴标签的一面，倾斜试剂瓶，让试剂慢慢倒出（图3－5），沿着洁净的试管壁流入试管或沿洁净的玻璃棒注入烧杯中（图3－6），然后将试剂瓶边缘在容器壁上靠一下，再加盖放回原处。悬空倒或瓶塞底部与桌面接触都是错误的（图3－7）。

图3－5　倾注法

图3－6　玻璃棒引流

图3－7　悬空倒，塞底沾桌

（2）从滴瓶中取用液体试剂，要用滴瓶中的滴管。使用时，提出滴管，使管口离开液面，用手指紧捏滴管上部胶头，赶出空气，然后伸入液面下，放开手指，吸入试剂，将试剂滴入试管中时，必须将它悬空地放在靠近试管口的上方，然后挤捏胶头，使试剂滴入管中（图3－8）。不得将滴管伸入试管中。用滴管从滴瓶中取出试剂后，应保持橡皮胶头在上，不能平放或斜放，以防滴管中的试液流入腐蚀胶头，沾污试剂。滴加完毕后，应将滴管中剩下的试剂挤入滴瓶中，不能捏着胶头将滴管放回滴瓶，以免滴管中充有试剂。

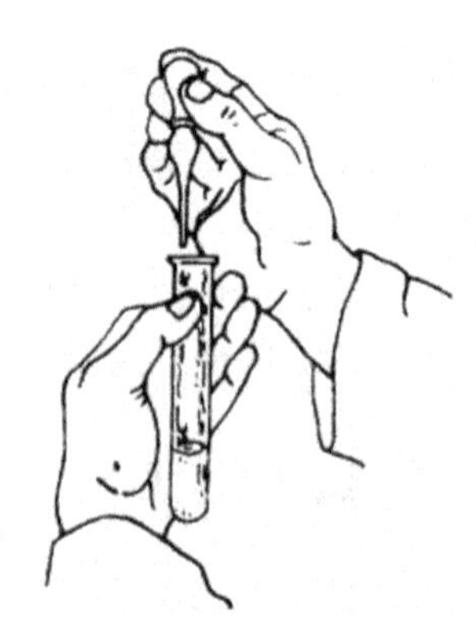

图3－8　滴加试剂

（3）定量取用液体试剂用量筒，可根据需要选用不同容量的量筒。量取时，使视线与量筒内液体或试液的弯月面的最低处保持水平（图3-9（a）），偏高（图3-9（b））或偏低（图3-9（c））都会因读不准而造成较大误差。多取的试剂不能倒回原瓶。

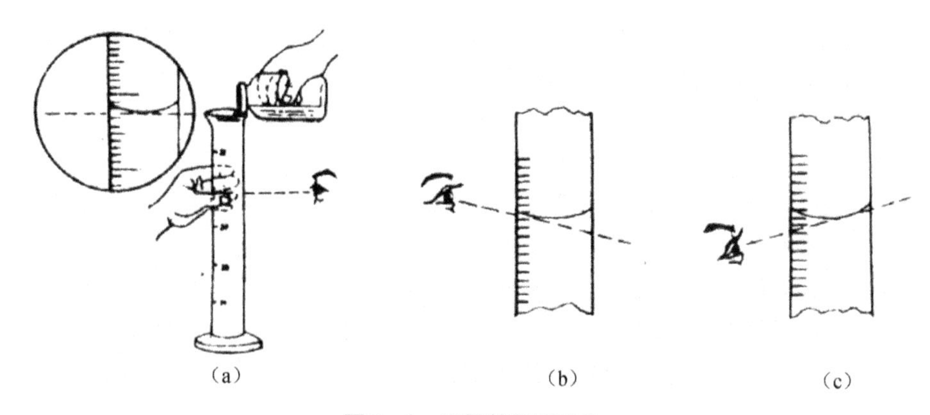

（a）　　（b）　　（c）

图3-9　用量筒量取液体

（a）正确　（b）偏高　（c）偏低

有些实验对试剂用量不要求很精确，此时，估量即可。对固体试剂，取少量或0.5 g左右，可用药匙的小头来取一平匙即可；也有指出取米粒、绿豆粒或黄豆粒大小等，可按所取量与之相当即可。对液体，用滴管取用时，一般滴管滴出10～15滴为1 mL。不同的滴管，滴出的每滴液体的体积也不同。可用滴管将液体（如水）滴入干燥的量筒，测量滴至1 mL时的滴数，即可求算出1滴液体的体积（mL）。

3.3　加热与冷却

有些化学反应，往往需要在较高温度下才能进行；许多化学实验的基本操作，如溶解、蒸发、灼烧、蒸馏、回流等过程也都需要加热。相反，一些放热反应，如果不及时除去反应所放出的热，就会使反应难以控制；有些反应的中间体在室温下不稳定，必须在低温下才能进行；此外，结晶等操作也需要降低温度以降低物质的溶解度，这些过程又都需要冷却。所以，加热和冷却是化学实验室常用的实验手段。

3.3.1　加热

1. 酒精灯及酒精喷灯加热

1）酒精灯加热

酒精灯的加热温度为400～500 ℃，适用于温度不需太高的实验。酒精灯由灯帽、灯芯和盛有酒精的灯壶三大部分所组成。正常使用的酒精灯火焰应分为焰心、内焰和外焰三部分，外焰的温度最高，内焰次之，焰心温度最低。加热时，应用外焰加热，因为外焰燃烧最充分，温度最高。

酒精灯加热注意事项：

（1）两检查。①检查灯芯，灯芯不要太短，一般浸入酒精后还要长4～5 cm，如果灯芯顶端不平或已烧焦，需要剪去少许使其平整。②检查灯里有无酒精，灯里酒精的体积应大于酒精灯容积的1/3，少于2/3。（酒精量太少则灯壶中酒精蒸气过多，易引起爆燃；酒精量太多则受热膨胀，易使酒精溢出，发生事故。）

（2）三禁止。①绝对禁止用酒精灯引燃另一盏酒精灯，用完酒精灯，必须用灯帽盖灭，如果是玻璃灯帽，盖灭后需再重盖一次，放走酒精蒸气，让空气进入，免得冷却后盖内造成负压使盖打不开；如果是塑料灯帽，则不用盖两次，因为塑料灯帽的密封性不好。②绝对禁止用嘴吹灭，否则可能将火焰沿灯颈压入灯内，引起着火或爆炸。③绝对禁止向燃着的酒精灯中添加酒精。

（3）对于旧灯，特别是长时间未用的灯，在取下灯帽后，应提起灯芯瓷套管，用洗耳球或嘴轻轻地向灯内吹一下，以赶走其中聚集的酒精蒸气。

（4）新灯加完酒精后须将新灯芯放入酒精中浸泡，而且移动灯芯套管使每端灯芯都浸透，然后调好其长度，才能点燃。因为未浸过酒精的灯芯，一经点燃就会烧焦。

（5）加热的器具与灯焰的距离要合适，过高或过低都不正确（图3－10）。被加热的器具必须放在支撑物（三脚架、铁环等）上或用坩埚钳、试管夹夹持，决不允许手拿仪器加热。

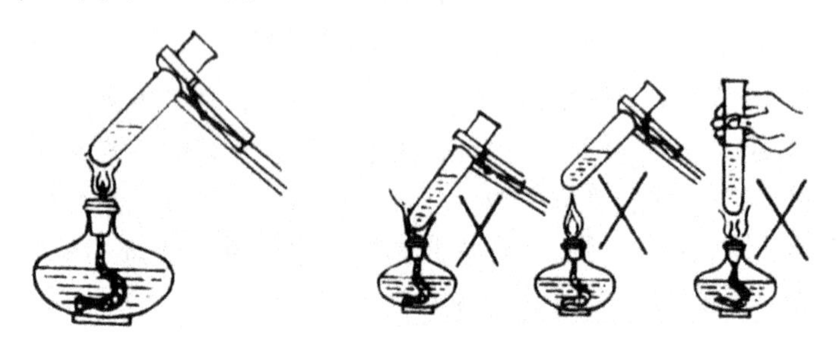

图3－10　加热方法

2）酒精喷灯加热

酒精喷灯是金属制品，其火焰温度通常可达700～1 000 ℃。常用的酒精喷灯有座式和挂式（图3－11）两种。主要介绍常用的座式喷灯。

座式酒精喷灯的外形结构如图3－11（a）所示，它主要由酒精入口、预热盘、预热管、

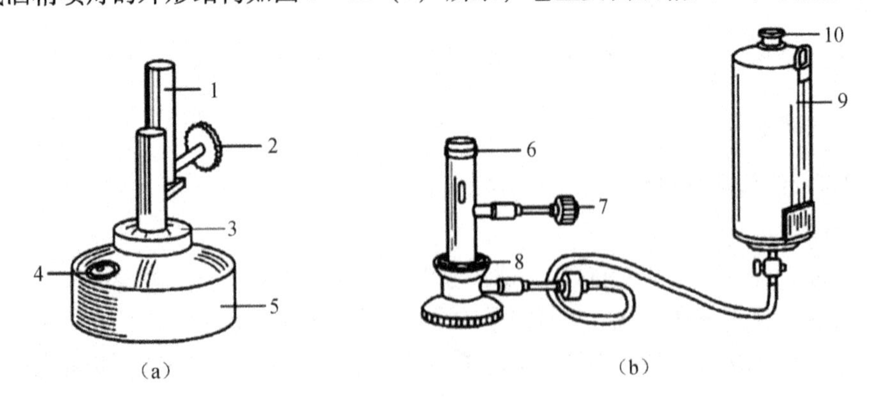

图3－11　酒精喷灯的类型和构造

（a）座式　（b）挂式

1—灯管；2—空气调节器；3—预热盘；4—铜帽；5—灯座；

6—灯管；7—空气调节器；8—预热盘；9—酒精储罐；10—盖子

燃烧管、调节杆、调整管等组成。预热管与燃烧管焊在一起，中间有一细管相通，使蒸发的酒精蒸气从喷嘴喷出，在燃烧管燃烧。通过调节调整管，控制火焰的大小。

使用前旋开旋塞向灯壶内注入酒精，加至灯壶总容量的2/5～2/3，过满易发生危险，过少则灯芯线会被烧焦，影响燃烧效果。拧紧旋塞，不使漏气（新灯或长时间未使用的喷灯，点燃前需将灯体倒转2～3次，使灯芯浸透酒精）。将喷灯放在石棉板或大的石棉网上（防止预热时喷出的酒精着火），然后向预热盘中添加酒精并点燃，待酒精快要燃尽时，预热盘内燃着的火焰就会将喷出的酒精蒸气点燃（必要时用火柴点燃），此时调节空气调节器，使火焰稳定。用毕，关闭空气调节器或上移空气调节器加大空气进入量，同时用石棉网或木板覆盖燃烧管口，即可将灯熄灭。必要时将灯壶铜帽拧松减压（但不能拿掉，以防着火），火即熄灭。喷灯使用完毕，应将剩余酒精倒出。

使用喷灯的注意事项：

（1）经两次预热，喷灯仍不能点燃时，应暂时停止使用，检查接口是否漏气，喷出口是否堵塞（可用捅针疏通）。修好后方可使用。

（2）喷灯连续使用时间不能超过半小时（使用时间过长，灯壶温度逐渐升高，使壶内压强过大，有崩裂的危险）。如需加热时间较长，每隔半小时要停用，用冷湿布包住喷灯下端降温，并补充酒精。

（3）在使用中如发现灯壶底部凸起应立刻停止使用，查找原因（可能使用时间过长、灯体温度过高或喷口堵塞等）作相应处理后方可使用。

2. 热浴加热

热浴是通过传热介质（水、油、沙等）传递热量进行加热。它具有受热面积大、受热均匀、浴温可控制、非明火加热等优点，用得较多的是水浴加热。

当被加热物质要求受热均匀而温度不超过100 ℃时，采用水浴加热。它是通过热水或水蒸气加热盛在容器中的物质。

实验室经常用恒温水浴箱进行加热（图3－12（a））。恒温水浴箱用电加热，可自动控制温度、同时加热多个样品。水浴箱内盛水不要超过2/3，被加热的容器不要碰到水浴箱底。用烧杯盛水加热至沸代替水浴箱进行水浴加热也是常用方法（图3－10（b））。

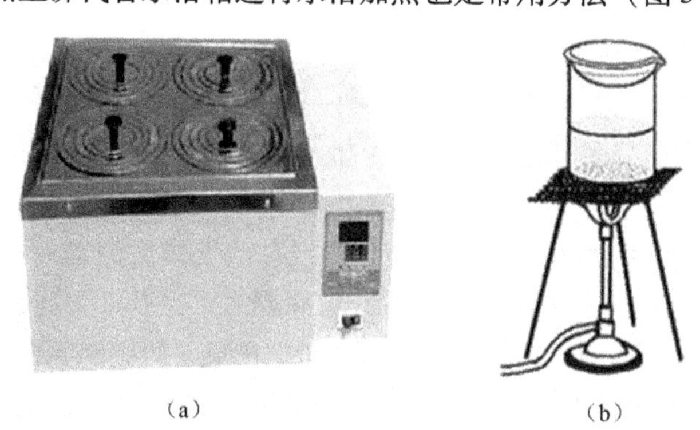

（a）　　（b）

图3－12　水浴加热

（a）恒温水浴箱加热　（b）用烧杯加热

3. 电加热

实验室常用电炉、管式炉、马弗炉（图 3－13）及电热套等进行电加热。

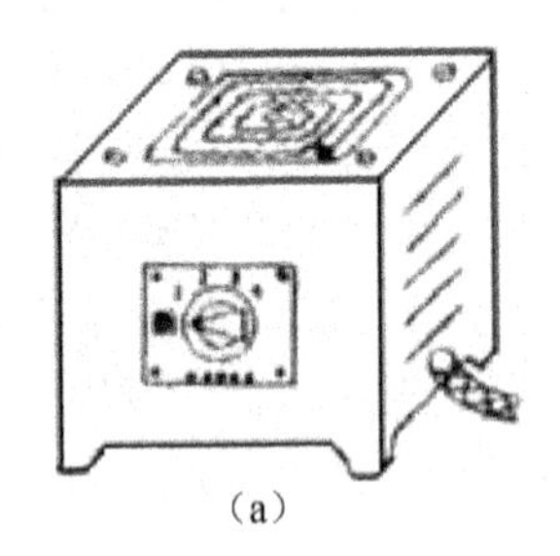
（a）

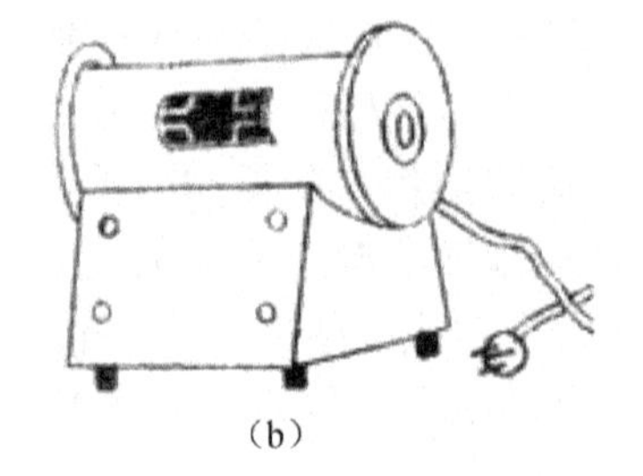
（b）

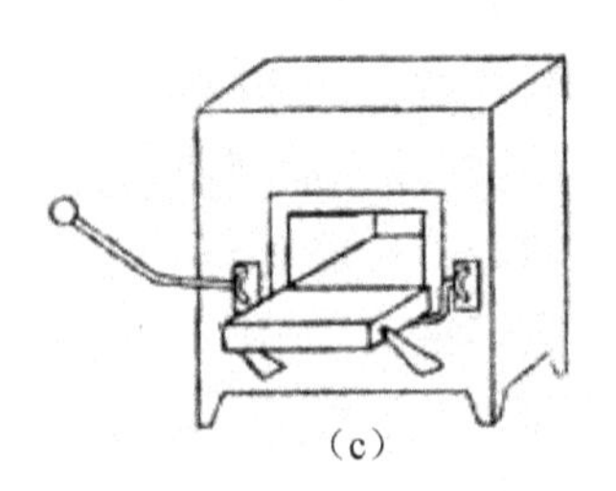
（c）

图 3－13　电加热仪器

（a）电炉　（b）管式炉　（c）马弗炉

电炉可代替酒精灯加热容器中的液体，如果电炉是非封闭式的，应在容器和电炉之间垫一块石棉网，以便溶液受热均匀和保护电热丝。

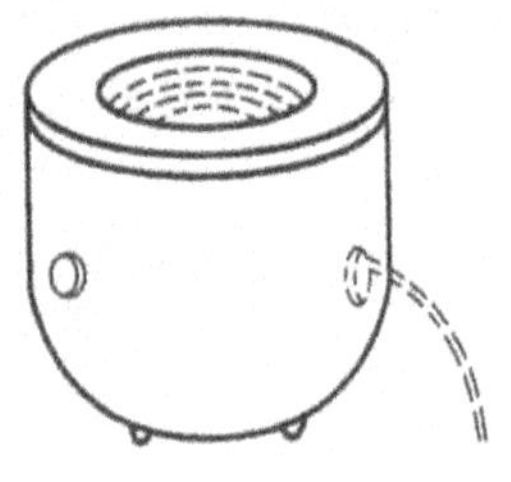

图 3－14　电热套

管式炉利用电热丝或硅碳棒加热，温度可分别达到 950 ℃和 1 300 ℃。炉膛中放一根耐高温的石英玻璃管或瓷管，管中再放入盛有反应物的瓷舟，使反应物在空气或其他气氛中受热。

马弗炉也是利用电热丝或硅碳棒加热的高温炉，炉膛呈长方体，很容易放入要加热的坩埚或其他耐高温的容器。

电热套（图 3－14）是用玻璃纤维与电热丝编织成半圆形内套，外边加上金属或塑料外壳，中间填充保温材料。电热套的容积一般与烧瓶的容积相匹配，从 50 mL 起，各种规格均有。电热套不用明火加热，因而使用较为安全。加热时，烧瓶处于热气流中，因此，加热均匀、热效率高。使用时应注意，不要将药品洒在电热套中，以免加热时药品挥发污染环境，同时避免电热丝被腐蚀而断开。加热时烧瓶不要贴在内套壁上。

电热套使用时要防止进水，用完后放在干燥处，否则内部吸潮后会降低绝缘性能。

3.3.2　冷却

某些化学反应需要在低温条件下进行，另外一些反应需要传递出产生的热量；有的制备操作像结晶、液态物质的凝固等也需要低温冷却。我们可根据所要求的温度条件选择不同的冷却剂（制冷剂）。

用水冷却是一种最简便的方法。将被冷却物浸在冷水或在流动的冷水中冷却（如回流冷凝器）可使被制冷物的温度降到接近室温。用冰或冰水冷却，可得到 0 ℃的温度。要获得 0 ℃以下的温度常采用冰—无机盐冷却剂。冰与盐按不同的比例混合，能得到不同的制冷温度。如 $CaCl_2 \cdot 6H_2O$ 与冰分别按 1:1、1.5:1、5:1 混合，可达到的温度为 －29 ℃、－49 ℃、－54 ℃。采用干冰—有机溶剂作冷却剂可以获得 －70 ℃以下的低温。干冰与冰一样，不能与被制冷容器的器壁有效接触，所以常与凝固点低的有机溶剂（作为热的传导体）

一起使用，如丙酮、乙醇、正丁烷、异戊烷等。

注意：测量 -38 ℃以下的低温时使用低温酒精温度计，不能使用水银温度计（Hg 的凝固点为 -38.87 ℃）。

3.4　气体的获取

实验中需用少量气体时，可在实验室中制备，如需大量气体或经常使用气体时，可以使用气体钢瓶直接获得。

3.4.1　制备少量气体的实验装置

实验室中需要少量气体时，常用启普发生器或气体发生装置制取。一般根据反应物状态和反应条件设计气体发生装置。

制气的典型实验装置可分为三大类：第一类是固体加热装置（图 3-15（a））；第二类是不溶于水的块状或粒状固体与液体常温下反应，一般使用启普发生器或其他简易装置（图 3-15（b）（c））；第三类是固体与液体或液体与液体之间需加热（图 3-15（e）（f））或不需加热的反应装置（图 3-15（d））。

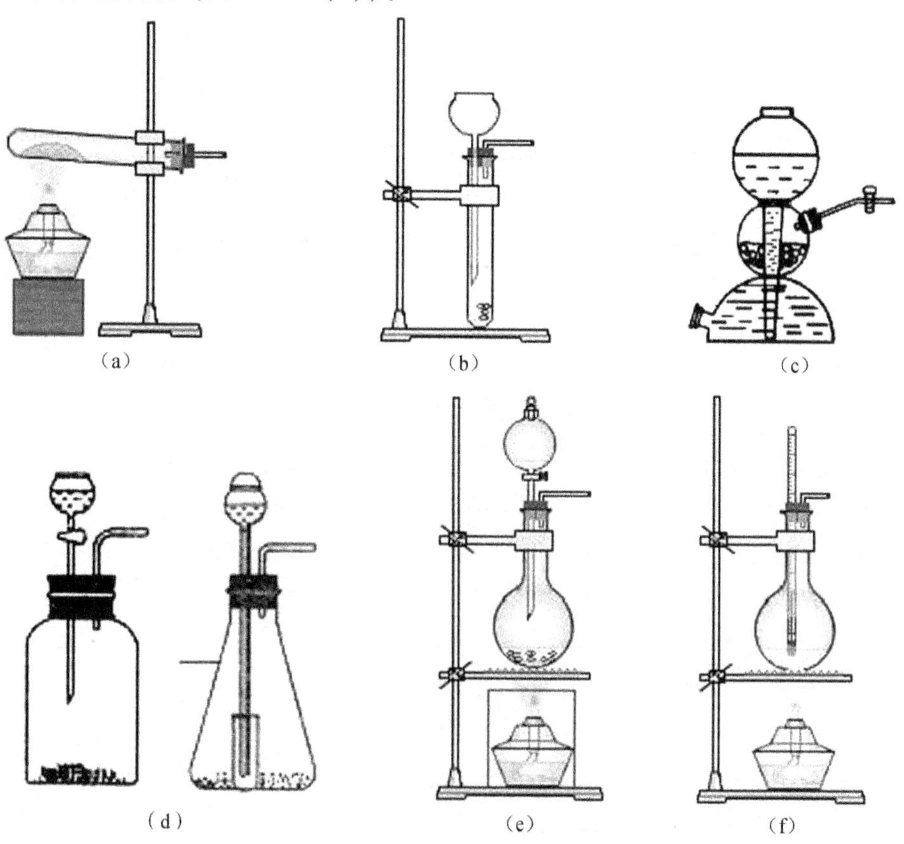

图 3-15　制气的三种装置

（a）固—固加热型　（b）（c）（d）固—液或液—液不加热型　（e）（f）固—液或液—液加热型

1. 固体加热制气的装置

固体加热制气装置一般由硬质试管、带玻璃导管的单孔塞和酒精灯等组成（图 3－15(a)），适用于 O_2、NH_3、N_2 等的制备。

制取气体时应注意检查气密性，试管口略向下倾斜，这是为了防止反应中生成的水或固体药品表面的吸湿水受热汽化后在管口冷凝，倒流使试管炸裂。

2. 固液常温下制气装置（启普发生器和简易装置）

1）启普发生器

启普发生器主要由球形漏斗、葫芦状的玻璃容器和导管旋塞三部分所组成（图 3－16）。启普发生器适用于不溶于水的块状（或粒状）固体与液体（或溶液）反应物常温下的反应。当导管旋塞打开时，固体与液体接触发生反应，气体由导管导出。当导管旋塞关闭时，由于装置是密闭的，产生的气体使球体内的压力增大，将液体（或溶液）压回到半球体和球形漏斗，固液反应物因脱离接触而停止反应。因此启普发生器可随用随制气，便于控制反应的发生和停止，使用起来十分方便，特别是制取较大量的气体更为适宜。在实验室里通常用启普发生器来制取 H_2、CO_2、NO_2、NO 和 H_2S 等气体。启普发生器的使用方法如下。

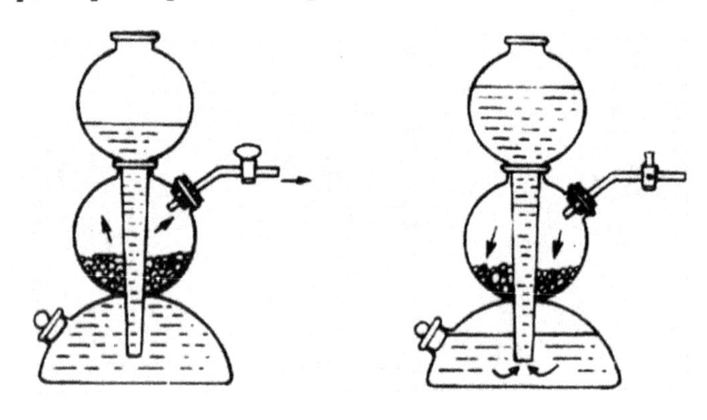

图 3－16　启普发生器制气原理

（1）使用前先检查装置的密闭性。方法是，开启旋塞，向球形漏斗中加水，当水充满容器下部的半球体时，检查半球体的下口塞是否漏水。若漏水，则将塞子取出，擦干、塞紧，或更换塞子后再检查。若不漏水，再检查是否漏气。检查方法是：关闭导气管的活塞，继续从球形漏斗注入水至漏斗的 1/2 处时，停止加水，并标记水面的位置，静置，然后观察水面是否下降。若水面不下降，则表明不漏气，若漏气，则应检查原因，可从导气管活塞、胶塞和球形漏斗与容器的连接处检查，并加以处理。

（2）装填固体试剂。装填固体的方法有两种。①从容器球形体的上口加入。取出球形漏斗从大口装入球形体内，不要使固体落入半球体中。装入固体量不要超过 1/3。②从容器球形体的侧口（导气管的塞孔）加入。让启普发生器直立于桌面上，拔下导气管的橡皮塞，从塞孔将固体加入到容器的球体内，并使固体分布均匀。在使用过程中，由于反应的进行，反应物颗粒变小，易漏入下面的半球体中，使反应无法控制。为防止较小反应物的漏下，可在孔道上填塞一些玻璃纤维。

（3）注入液体（或溶液）反应物。将液体（或溶液）从球形漏斗口注入。注入时应先开启导气管的活塞，待注入的液体与固体接触后，即关闭导气管的活塞，再继续加入液体至液体进入球形漏斗上部球体的1/4～1/3处，以便反应时液体可浸没固体。不要过多，否则在反应中液体可能冲入导气管。

（4）试用。打开导气管活塞，液体就从半球体进入球体与固体接触发生反应，生成的气体由导气管逸出。然后关闭导气管的活塞，由于球体内气压增大，将液体压回半球体和球形漏斗。这时液体与固体脱离接触，反应自动停止。上述试验说明装置功能正常，可正式使用。

（5）反应中途固体和液体反应的添换方法。通常在反应中，固体反应物将近用完或液体（或溶液）浓度变稀时，反应变得缓慢，生成的气体不够用，则应添加固体或更换液体（或溶液）。

添加固体的方法：先关闭导气管的活塞，将球体内的液体压出，使其与固体脱离接触，然后用橡皮塞塞严球形漏斗的上口（防止球形漏斗里的液体下降冲入容器球体部分，使反应发生）。再拔下导气管上的塞子，将固体从导气管塞孔添加，然后重新塞紧带导气管的塞子，再拔下球形漏斗口上的橡皮塞。

中途添换液体（或溶液）的方法：比较方便而又常用的一种方法是，关闭导气管的活塞，将液体压入球形漏斗中，然后用移液管将用过的液体抽吸出来。也可用虹吸管吸出液体。吸出的液体量应依需要而定。吸出废液后，再添加新液体。

另一种方法是，从半球体上的下口塞孔放出废液。关闭导气管的活塞，把液体压入球形漏斗中，然后用橡皮塞塞严球形漏斗的上口。把启普发生器先仰着放在废液缸上，使下口塞附近无液体，再拔下塞子（戴上橡皮手套或用钳子去拔，不要用手直接拔，以免腐蚀皮肤），然后使发生器下倾，让废液缓缓流出。废液流出后，再把塞子塞紧，直立启普发生器，从球形漏斗注入新液体（或溶液）。

启普发生器使用以后，如放置一段时间再用，则最好将球形漏斗中的液体试剂（如酸液等）用移液管吸出一部分，剩下的液体即使完全落入半球体也不能与固体试剂接触，这样可避免在放置过程中因容器慢慢漏气，使球形漏斗中的液体逐渐落入半球体，以致最后与固体试剂接触而发生反应。这不仅浪费试剂，还会使反应生成物（如 $ZnSO_4$、$CaCl_2$ 等）在半球体内析出大量结晶，甚至在球形漏斗与容器缝隙处形成黏结，造成洗刷容器的困难。

2）简易装置

简易装置由双孔胶塞、长颈漏斗（或带胶塞的粗玻璃管）、90°玻璃导管、硬质试管（或U形管）及橡皮垫圈（或隔板）等组成（图3-15（b））。

3. 需加热的制气装置（分液漏斗与烧瓶或蒸馏烧瓶）

当固液间反应制气体时，若固体物质颗粒细碎或反应需加热时，则应采用蒸馏烧瓶和分液漏斗的装置来制备气体（图3-15（e）、（b）），适用于 CO、H_2S、HCl、Cl_2 等气体的制取。这种装置同样适用于两液体间反应制取少量气体。这种装置虽不能像启普发生器那样自如地控制气体的发生或终止，但它可以通过分液漏斗的活塞控制添加的试剂量，以减缓气体的产生。

3.4.2 气体钢瓶供气

如果需要大量或经常使用气体时，可以使用气体钢瓶直接获得各种气体。气体钢瓶是储存压缩气体、液化气体的特制耐压钢瓶。钢瓶容积一般为 40 ~ 60 L，最高工作压力为 15 MPa，最低的也在 0.6 MPa 以上。使用时，通过气压表有控制地放出气体。

高压钢瓶若使用不当，会发生爆炸事故，使用时必须严格遵守以下规则。

(1) 钢瓶应存放在阴凉、干燥、远离热源的地方。盛可燃性气体的钢瓶必须与氧气钢瓶分开存放。直立放置时要加以固定，避免强烈震动。

(2) 绝不可使油或其他易燃物、有机物沾在气体钢瓶上（特别是气门嘴和减压器处），也不得用棉、麻等物堵漏，操作人员不得穿沾有油污的工作服或手套启闭钢瓶，以免引起燃烧或爆炸事故。

(3) 使用钢瓶中的气体时，除 CO_2、NH_3、Cl_2 外，要用减压阀（气压表）。可燃性气体钢瓶的气门是逆时针拧紧的，即螺纹是反扣的（如氢气、乙炔气）。非燃或助燃性气体钢瓶的气门是顺时针拧紧的，即螺纹是正扣的。只有 N_2 和 O_2 的减压阀可相互通用，其他各种气体的减压阀不得混用。

(4) 使用时，在减压阀手柄拧松的状态下，打开气瓶的启闭阀，将高压气体输入到低压器的高压室，然后慢慢开启减压阀的手柄，调节气体的流量，实验结束后，要及时关好钢瓶的启闭阀，待减压阀中余气逸尽后再旋紧减压阀手柄。

(5) 钢瓶内的气体绝不能全部用完，应按规定保留剩余压力。用后的钢瓶应定期送检，合格后才能充气。

(6) 存放、搬运钢瓶时要避免震动，并要拧紧钢瓶上的安全帽。

3.5 滴定分析仪器与基本操作

3.5.1 移液管

移液管和吸量管（图 3 - 17）是用来准确量取一定体积液体的仪器。常用的移液管有 5、10、25、50、100 mL 等。移液管一般是中部有近球形的玻璃管，管的上部有一刻线标明体积，流出的溶液的体积与管上所标明的体积相同。

吸量管一般只用于取小体积的溶液。管上带有分度，吸量管容积有 1、2、5、10 mL 等，可以用来吸取不同体积的溶液。但用吸量管取溶液的准确度不如移液管。

1. 洗涤

用少量洗液润洗后，依次用自来水冲洗、蒸馏水润洗三次还必须用待吸的溶液润洗三次。

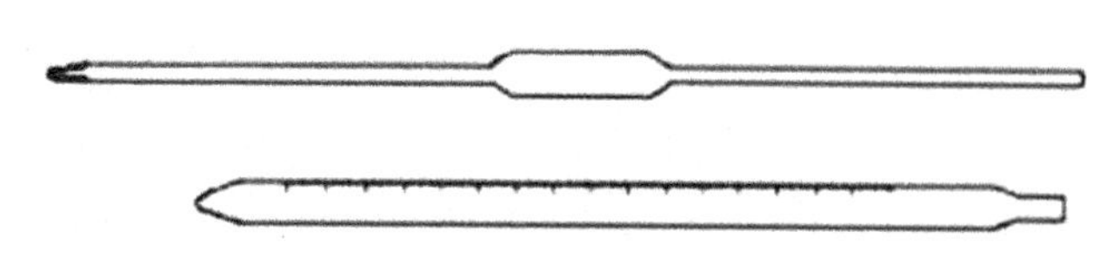

图 3-17　移液管和吸量管

用少量移取液润洗移液管时，为避免溶液稀释或沾污，可将溶液转移至小烧杯中吸取。首先吸入少量溶液至移液管中，将移液管慢慢放平，并旋转使移液管内壁全部洗过。然后将管直立，将管中液体沿烧杯内壁放出，然后再将小烧杯的液体沿管的外壁下部倒出（弃去）。这样一次即可将移液管内壁、小烧杯内壁和移液管下端的外壁同时润洗一遍。如此操作三次后，将移液管直接插入容量瓶中或将溶液倒入小烧杯中吸取就可以了。

移液管润洗的工作也可按下法进行：用蒸馏水洗净后，用吸水纸将移液管尖端内外的水除去，然后用待吸液洗三次。方法是：用吸水纸处理过的移液管直接插入容量瓶（或试剂瓶）中，将待吸溶液吸至球部，立即用右手按住管口（尽量勿使溶液回流，以免稀释溶液）。每次用吸水纸除去管尖端内外液体，后面操作同前。

2. 吸取溶液

用移液管移取溶液时，右手拇指和中指拿住管颈标线的上部（图 3-18（a）），将移液管垂直插入液面以下 1～2 cm 深度，不要插入太深，以免外壁粘带溶液过多；也不要插入太浅，以免液面下降时吸空。随着液面的下降，移液管逐渐下移。左手拿洗耳球将溶液吸入管内至标线以上，拿去洗耳球，随即右手食指按住管口。将移液管离开液面，靠在器壁上，稍微放松食指，同时轻轻转动移液管，使液面缓慢下降，当液面与标线相切时，立即按紧食指使溶液不再流出。

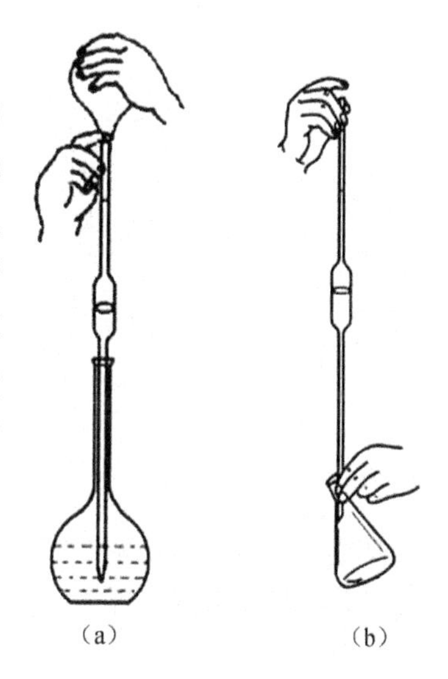

（a）　　（b）

图 3-18　吸取溶液和放出溶液

（a）吸取溶液　（b）放出溶液

3. 放出溶液

把移液管的尖嘴靠在接收容器内壁上，让接收容器倾斜而移液管直立。放开食指使溶液自由流出（图 3-18（b）），待溶液不再流出时，等 15 s 后取出移液管。最后尖嘴内余下的少量溶液，不必用力吹入接收器中，因原来标定移液管体积时，这点体积已不在其内（如移液管上有一个吹字，则一定要将尖嘴内余下的少量溶液吹入接收容器中）。这样从管中流出的溶液正好是管上标明的体积。

3.5.2　容量瓶

容量瓶主要用来配制标准溶液或稀释溶液到一定的浓度。它是细颈的平底瓶，配有磨口玻璃塞或塑料塞，容量瓶上标明使用的温度和容积，瓶颈上有刻线。

容量瓶使用前，必须检查是否漏水。在容量瓶内加水至刻度线附近，塞上瓶塞，右手食指按住瓶塞，其余手指拿瓶颈标线以上部分，左手用指尖托住瓶底边缘，将瓶倒置 2 min，如不漏水，将瓶直立，瓶塞旋转 180°后再次检漏，不漏水即能使用。

容量瓶的洗涤方法与移液管相似。使用前用自来水冲洗后，蒸馏水润洗三次。

用容量瓶配制溶液，固体物质先要在烧杯内溶解，再转移到容量瓶中，转移溶液时用玻璃棒引流（图3－19），使溶液沿着玻璃棒流下，当溶液流完后，烧杯仍靠着玻璃棒慢慢地将烧杯直立，使烧杯和玻璃棒之间附着的液滴流回烧杯中，再将玻璃棒末端残留的液滴靠入瓶口内。将玻璃棒放回烧杯内，但不得将玻璃棒靠在烧杯嘴一边。用洗瓶吹洗玻璃棒和烧杯内壁，溶液转入容量瓶中，如此吹洗、转移溶液的操作一般在 5 次以上，以保证定量转移。然后慢慢加蒸馏水至容量瓶容积的 3/4 时，用右手食指和中指夹住瓶塞的扁头，将容量瓶拿起，按同一方向旋摇几周，使溶液初步混匀（此时切勿加塞倒立容量瓶）。继续加水至接近标线约 1 cm 处，等 1 ~2 min，待附在瓶颈上的水流下后，用洗瓶（也可用滴管）或用烧杯溶样时所用的玻璃棒蘸水滴加，至水的弯月面下缘恰与标线相切。盖好瓶塞，左手食指按住瓶塞，其余手指拿住瓶颈标线以上部分，右手的全部指尖托住瓶底边缘（图3－20），将容量瓶倒立，待气泡上升到顶部，使瓶震荡混匀溶液后，再倒转过来，如此反复 10 次左右，使溶液充分混匀。

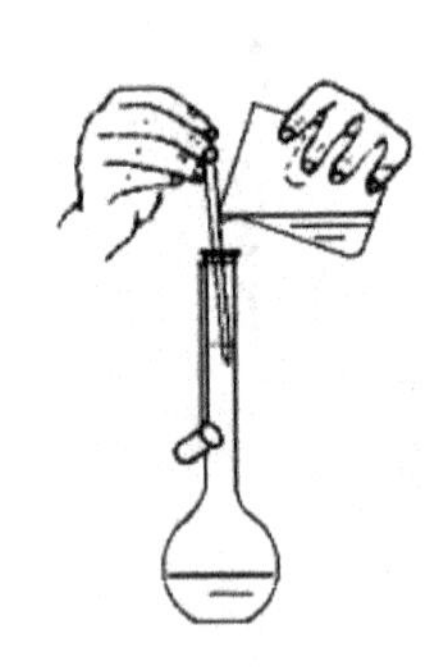

图 3－19 转移溶液到容量瓶中

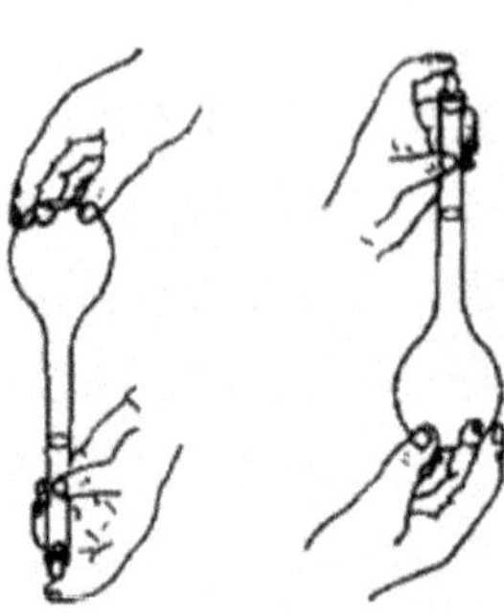

图 3－20 容量瓶的翻动

如固体是经加热溶解的，溶液冷却后才能转入容量瓶内。如果要把浓溶液稀释，要用移液管吸取一定体积浓溶液放入容量瓶中，然后按上述操作加水稀释至刻度线。

配好的溶液如需保存，应转移到清洁、干燥的磨口试剂瓶中。容量瓶用后应立即用水冲洗干净。如长期不用，磨口处应洗净擦干，并用纸片将磨口隔开。容量瓶不得在烘箱中烘烤，也不能用其他任何方法进行加热。

3.5.3 滴定管

滴定管是可放出不固定量液体的玻璃量器（量出式仪器），主要用于滴定时准确测量溶液的体积。根据长度和容积的不同，滴定管可分为常量滴定管、半微量滴定管和微量滴定管。常量滴定管容积有 50 mL、25 mL，刻度最小 0.1 mL，可估读到 0.01 mL。半微量滴定管容量 10 mL，刻度最小 0.05 mL，可估读到 0.01 mL。其结构一般与常量滴定管较为类似。微量滴定管容积有 1 mL、2 mL、5 mL、10 mL，刻度最小 0.01 mL，可估读到 0.001 mL。此外还有半微量半自动滴定管，它可以自动加液，但滴定仍需手动控制。

滴定管分酸式滴定管和碱式滴定管两种。除碱性溶液用碱式滴定管外，其他溶液一般都用酸式滴定管。还有利用聚四氟乙烯材料做成的滴定管下端活塞和活塞套，代替酸管的玻璃和碱管的乳胶材料，适用于酸、碱及具有氧化或还原性溶液，而且不易损坏。

酸式滴定管下端有一个玻璃活塞，用以控制溶液的滴出速度。使用前先取出活塞用滤纸吸干，然后用手指蘸少许凡士林在塞子的两头涂一薄层（图 3－21），将活塞塞好并顺着一个方向（顺时针或逆时针）转动活塞，不要来回转动，至活塞与塞槽接触地方呈透明状态。套上橡皮圈，以防旋塞从旋塞套脱落。用自来水充满滴定管，将其放在滴定管架上，静置 2 min，观察有无水滴漏下。然后将旋塞旋转 180°再如前检查，如果漏水，应该重新涂油。检查如不漏水，用橡皮圈将活塞与管身系牢即可洗涤使用。若出口管尖端被油脂堵塞，可将它插入热水中温热片刻，然后打开旋塞，使管内的水流下（可借助洗耳球挤压），将软化的油脂冲出。按上述操作重新涂油。

图 3－21　玻璃活塞涂凡士林油

碱式滴定管的下端有胶管连接带有尖嘴的小玻璃管，胶管内装一个圆玻璃球，用以控制溶液。使用时，左手拇指和食指捏住玻璃球部位稍上的地方，向一侧挤压胶管，使胶管和玻璃球间形成一条缝隙，溶液即可流出。

酸式和碱式滴定管的准备如下。

1. 洗涤

滴定管在使用前根据沾污的程度，采用不同的清洗剂（如肥皂水、铬酸洗液等，但不能用去污粉）洗涤。用铬酸洗液时，酸式滴定管可直接加入 5 ~ 8 mL 洗液，边转动边将滴定管放平，并将滴定管口对着洗液瓶口，以防洗液洒出。洗净后将一部分洗液从管口放回原瓶，最后打开旋塞，将剩余的洗液从出口管放回原瓶。若滴定管油污较多，必要时可用温热洗液加满滴定管浸泡一段时间。碱式滴定管先要去掉乳胶管，接上一段塞有玻璃棒的橡皮膏，然后用洗液浸泡。用洗液洗后，用自来水冲洗。

2. 装溶液

加入滴定溶液前，先用蒸馏水润洗三次，每次约 10 mL。润洗时，两手平端滴定管，慢慢旋转，让水遍及全管内壁，从下端放出。蒸馏水润洗之后用滴定溶液润洗三遍，用量分别为 10、5、5 mL，润洗方法与用蒸馏水洗相同。装入操作溶液前，应将试剂瓶中的溶液摇匀，并将操作溶液直接倒入滴定管中，不得借助其他容器（如烧杯、漏斗等）转移。用左手前三指持滴定管上部无刻度处（不要整个手握住滴定管），并可稍微倾斜；右手拿住细口瓶往滴定管中倒溶液，让溶液慢慢沿滴定管内壁流下，将溶液加到滴定管刻度“0”以上。

3. 排气泡

检查滴定管中特别是尖嘴处是否有气泡。若有气泡，对酸式滴定管，可将滴定管稍倾斜，左手迅速打开活塞，使溶液冲击赶出气泡后，再使活塞开启变小，调至液面弯月面正好与0.00刻度线相切处或附近。对碱式滴定管，应将碱式滴定管稍倾斜，然后将胶管向上弯曲，用两指挤压玻璃球，使溶液从尖嘴喷出，气泡随之逸出（图3－22）。继续边挤压边放下胶管，气泡便可全部排除。注意应在乳胶管放直后，再松开拇指和食指，否则出口管仍会有气泡，然后再调至0.00刻线或附近。

4. 滴定

使用酸式滴定管滴定时，使瓶底离滴定台2～3 cm，滴定管下端伸入瓶口内约1 cm，右手拇指、食指和中指拿住锥形瓶的颈部（图3－23），让锥形瓶沿同一方向做圆周摇动，使溶液混匀。左手拇指、食指和中指控制玻璃活塞，转动活塞使溶液滴出。使用碱管时，仍以左手握管，拇指在前，食指在后，其他手指辅助夹住出口管。用拇指和食指捏住玻璃珠所在部位，挤压胶管使玻璃珠移向手心一侧，溶液从玻璃珠旁边的空隙流出。要注意的是，不要用力捏玻璃珠以及玻璃珠下部胶管，也不要使玻璃珠上下移动，以免空气进入形成气泡。

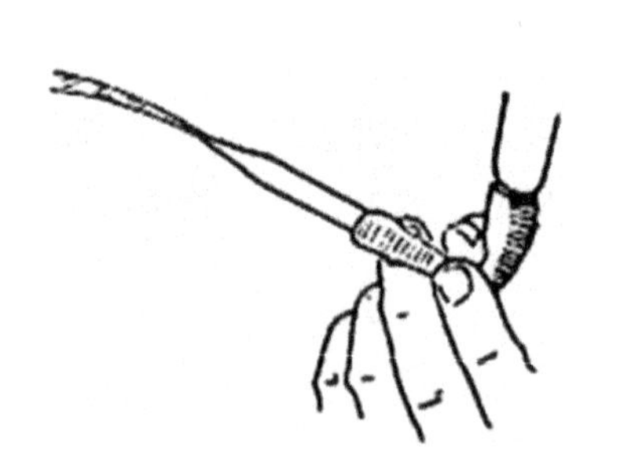

图3－22　碱式滴定管赶气泡的方法

图3－23　滴定操作手法

开始滴定时，溶液滴出可快一些，但应成滴而不成流。溶液出现瞬间颜色变化，随着锥形瓶的摇动很快消失。当接近终点时，颜色变化消失较慢，这时应逐滴滴入溶液，摇匀后，由溶液颜色变化再决定是否滴加溶液。最后改为每加半滴，摇几下锥形瓶，至溶液出现明显颜色变化为止。

半滴的加入方法必须掌握。用酸管时，轻轻转动旋塞，使溶液悬挂在出口管嘴上，形成半滴，用锥形瓶内壁将其沾落，用洗瓶冲洗锥形瓶内壁，摇匀。对碱管，加半滴溶液时，应先松开拇指和食指，将悬挂的半滴溶液沾在锥形瓶内壁，再放开无名指和小指，这样可避免管尖出现气泡。

滴入半滴溶液时，也可采用倾斜锥形瓶，将附于瓶壁的溶液涮入瓶中，避免洗瓶吹洗次数多，造成被滴物过度稀释。

在烧杯中滴定时，烧杯置于滴定台上，调节滴定管的高度，使其下端伸入烧杯中心的左后方处（放在中央影响搅拌，离杯壁过近不利搅拌均匀）约1 cm。左手滴加溶液，右手持玻璃棒做圆周搅动溶液（图3-24（a）），不要碰烧杯壁和底部。当滴至接近终点滴加半滴溶液时，用玻璃棒下端承接悬挂的半滴溶液于烧杯，玻璃棒只能接触液滴，不能接触管尖，其余操作同前所述。

5. 读数

将滴定管从滴定管架取下，用右手拇指和食指捏住滴定管上部无溶液处，其他手指从旁辅助，使滴定管保持垂直，视线与液面保持水平，然后读数。读数要遵循以下规则。

①装满或放出溶液后，必须等1~2 min，使附着在内壁的溶液流下来，再进行读数。如果放出来溶液的速度较慢（例如，滴定到最后阶段，每次只加半滴溶液时），等0.5~1 min即可读数。读数前要检查一下管壁是否挂水珠，滴定管尖嘴是否有气泡。

②对于无色或浅色溶液，应读取弯月面下缘最低点，读数时，视线在弯月面下缘最低点处，且与液面成水平（图3-24（b））；对高锰酸钾等颜色较深的溶液，可读液面两侧的最高点。此时，视线应与该点成水平。注意初读数与终读数采用同一标准。

③常量滴定管，其最小刻度是0.1 mL，因此读数要求估计到小数点后第二位，即0.01 mL。可以这样估计：当液面在两小刻度之间时，即为0.05 mL；若在两小刻度的1/3时，即为0.03 mL或0.07 mL；当液面在两小刻度的1/5时，即为0.02 mL或0.08 mL。

④蓝带滴定管盛溶液后有似两个弯月面的上下两个尖端相交，尖端交点处为读数正确位置。

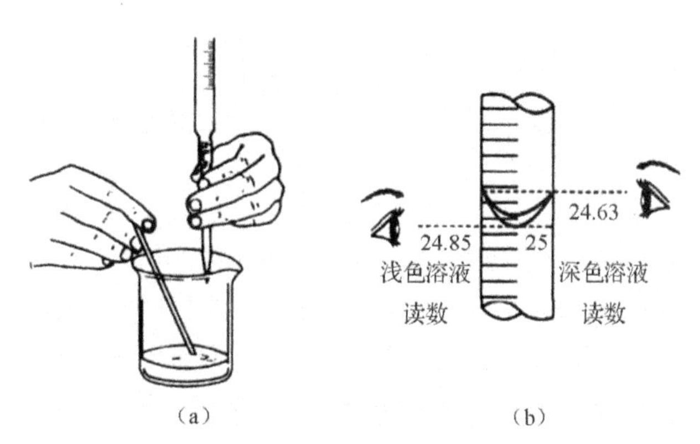

图3-24　滴定管的使用

（a）搅拌　（b）读数

3.6 固体的溶解和液固分离

3.6.1 固体的溶解

固体的颗粒较小时，可用适量水直接溶解，固体的颗粒较大时，先用研钵将固体研细，再将固体粉末倒入烧杯中，加水，所加水量应能使固体粉末完全溶解（必要时应根据固体的量及该温度下的溶解度进行计算或估算）。然后用玻璃棒搅拌，搅拌时，应手持玻璃棒并转动手腕，用微力使玻璃棒在容器中部的液体中均匀转动，搅棒不要碰击或摩擦容器底部。必要时，还应加热，促使其溶解。可根据被溶解物质的热稳定性，选用直接加热或水浴等间接加热的方法。热分解温度低于100 ℃的，只能用水浴加热。

3.6.2 液固分离

在化合物制备或分析的过程中，经常要遇到固体与液体的分离问题。利用沉淀法进行重量分析是固液分离的直接应用。简要介绍常用的三种固液分离方法和重量分析的基本操作。

1. 倾析法

当沉淀的相对密度较大或结晶的颗粒较大，静置后能沉降至容器底部时，可用倾析法进行沉淀的分离和洗涤。把沉淀上部的清液倾入另一容器内，然后加入少量洗涤液洗涤沉淀，充分搅拌沉淀，待沉淀沉降后，倾去洗涤液。如此重复操作三遍以上，即可洗净沉淀（图3－25）。

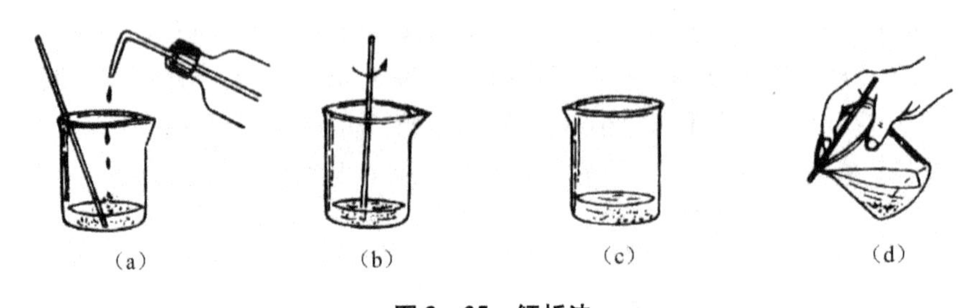

图3－25 倾析法

(a) 加水 (b) 搅拌 (c) 静置 (d) 倾出清液

2. 离心分离

当分离试管中少量的溶液与沉淀物时，常采用离心机（图3－26）分离法。这种方法操作简单而迅速，实验室常用的电动离心机是由高速旋转的小电动机带动一组金属套管做高速圆周运动。装在金属管内离心试管中的沉淀物受到离心力的作用向离心试管底部集中，上层便得到澄清的溶液。这样离心试管中的溶液与沉淀就分离开了。电动离心机的转速可由侧面的变速器旋钮调节。

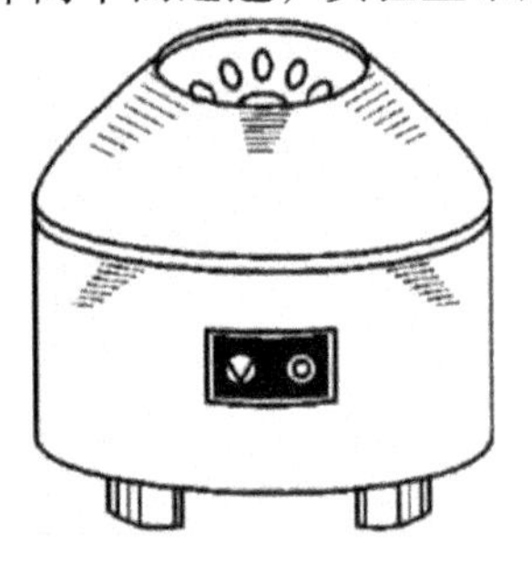

图3－26 离心机

使用电动离心机进行离心分离时，把装有少量溶液与沉淀的离心试管对称地放入电动离心机的金属（或塑料）套管内，如果只有一支离心试管中装有试样，为了使电动离心机转动时保持平衡，防止高速旋转引起振动而损坏离心机，可在与之对称的另一套管内也放入一支装有相同或相近质量的水的离心试管。放好离心试管后盖上盖子。打开旋钮，逐渐旋转变速器，使离心机转速由小到大，数分钟后慢慢恢复变速器到原来的位置，使其自行停止，千万不要用手或其他方法强制离心机停止转动，否则离心机很容易损坏，而且容易发生危险。离心时间和转速，由沉淀的性质来决定。结晶形的紧密沉淀，转速每分钟

1 000转，1 ~2 min 后即可停止。无定形的疏松沉淀，沉降时间要长些，转速可提高到每分钟 2 000 转。

离心沉降后，用吸管把清液与沉淀分开。如果要将沉淀溶解后再做鉴定，必须在溶解之前将沉淀洗涤干净。常用的洗涤剂是蒸馏水。加洗涤剂后，用搅棒充分搅拌，离心分离，清液用吸管吸出。必要时可重复洗几次。

3. 过滤法

过滤是固—液分离最常用的方法。过滤时，沉淀物留在过滤器上，而溶液通过过滤器进入接收器中，过滤出的溶液称为滤液。过滤方法有常压过滤和减压过滤。

1）常压过滤

沉淀为微细的结晶时，常压过滤是最常用的固—液分离方法。过滤前先将圆形滤纸对折两次，然后展开成圆锥形（一边三层，另一边一层），放入玻璃漏斗中（图 3 - 27）。改变滤纸折叠角度，使之与漏斗角度相适应。然后撕去折好滤纸外层折角的一个小角，用食指把滤纸按在漏斗内壁上，用水湿润滤纸，并使它紧贴在壁上，赶去滤纸和壁之间的气泡。加水至滤纸边缘使之形成水柱（即漏斗颈中充满水）。若不能形成完整的水柱，可一边用手指堵住漏斗下口，一边稍掀起三层那一边的滤纸，用洗瓶在滤纸和漏斗之间加水，使漏斗颈和锥体的大部分被水充满，然后一边轻轻按下掀起的滤纸，一边断续放开堵在出口处的手指，即可形成水柱。这样处理，会加快过滤速度。

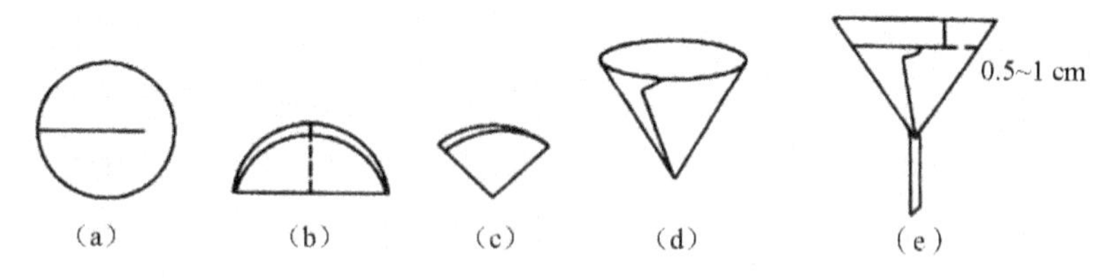

图 3 - 27　滤纸的折叠和安放

把带滤纸的漏斗放在漏斗架上，下面放容器以收集滤液，调节漏斗架的位置，使漏斗尖端靠在容器内壁，开始过滤。将玻璃棒下端对着三层滤纸的那一边并尽可能靠近，但不要碰到滤纸，用倾析法将上层清液沿着玻璃棒倾入漏斗（图 3 - 28）。漏斗中的液面至少要比滤纸边缘低 5 mm，以免部分沉淀可能由于毛细管作用越过滤纸上缘而损失。当倾析暂停时，烧杯嘴沿玻璃棒向上提，以免流失烧杯嘴上的溶液，带有沉淀和溶液的烧杯按图 3 - 29 放置，即在烧杯下垫一木块，使烧杯倾斜，以利沉淀和清液分开，便于转移清液。当上层清液转移完后，对沉淀进行初步洗涤。用 10 mL 左右洗涤液吹洗玻璃棒和杯壁，使附着的沉淀集中于杯底，每次的洗涤液同样用倾析法过滤。如此反复洗涤 3 ~4 次。然后再加入少量洗涤液于烧杯，搅起沉淀，通过玻璃棒将沉淀和洗涤液转移至滤纸上，如此反复几次，尽可能地将沉淀转移到滤纸上。烧杯中残留的少量沉淀，则可按图 3 - 30 所示右手拿洗瓶冲洗杯壁上所黏附的沉淀，用左手食指按住架在烧杯嘴上的玻璃棒上方，其余手指拿住烧杯，杯底略朝上，玻璃棒下端对准三层滤纸处，将沉淀吹洗入漏斗中。沉淀全部转移至滤纸上，应对它进行洗涤，以除去沉淀表面所吸附的杂质和残留的母液。洗涤时应先使洗瓶的水流从滤纸的多重边缘开始如图 3－31 螺旋向下吹洗，最后到多重部分停止，称为“从缝到缝”。待上一次洗液流完后，再进行下一次洗涤，如此反复多次，直至沉淀洗净。采用少量多次，两次间尽量滤干的方法，能获得好的洗涤效果。

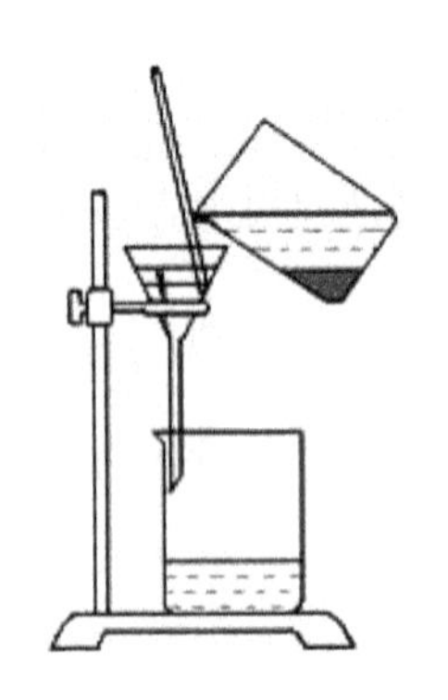

图 3－28　过滤

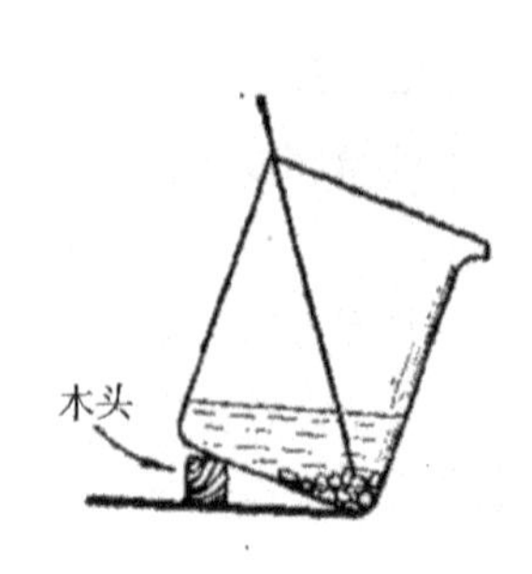

图 3－29　过滤暂停烧杯放置法

图 3－30　沉淀的转移

图 3－31　沉淀的洗涤

2）减压过滤

减压过滤又叫抽滤、吸滤或真空过滤。减压过滤可加快过滤速度，并把沉淀抽滤得比较干燥。但胶状沉淀在过滤速度很快时会透过滤纸，不能用减压过滤。颗粒很细的沉淀会因减压抽吸而在滤纸上形成一层密实的沉淀，使溶液不易透过，反而达不到加速目的，也不宜用此法。

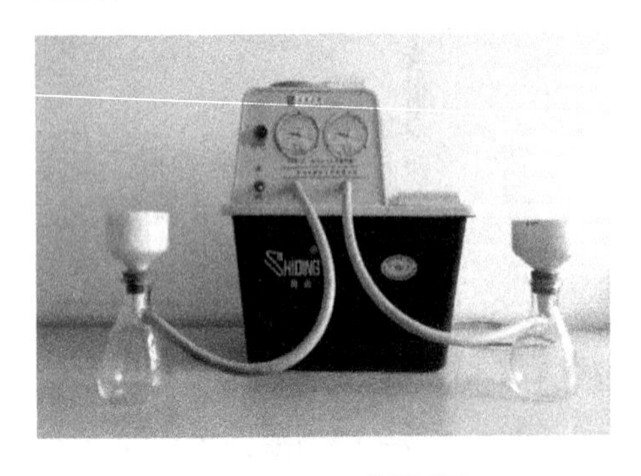

图 3－32　减压过滤

减压过滤装置如图 3－32 所示，过滤部分由布氏漏斗和抽滤瓶构成。抽滤瓶用来承接滤液，漏斗管插入单孔橡皮塞，与抽滤瓶相接，应注意橡皮塞插入抽滤瓶内的部分不得超过塞子高度的 2/3，漏斗管下方的斜口要对着抽滤瓶的支管口。抽滤瓶连接循环真空水泵，以抽气减压，水把空气带走，从而使与真空水泵相连的抽滤瓶压力降低，造成瓶内与布氏漏斗液面的压力差，因而加快了过滤速度。吸滤步骤如下。

抽滤前先检查装置，布氏漏斗的颈口斜面应与抽滤瓶的支管相对，将内径略小的圆形滤纸，平整地放在抽滤漏斗底部，用少量蒸馏水湿润滤纸，微启真空泵，抽气使滤纸紧贴在漏斗瓷板上，如有缝隙一定要除去。

过滤时，用倾析法先转移溶液，溶液量不应超过漏斗容量的 2/3，待溶液快流尽时再转移沉淀。抽滤完毕或中间需停止抽滤时，应注意先拆下连接真空泵和抽滤瓶的橡皮管，然后关闭真空泵，以防倒吸。

过滤完后，加入适量的洗涤液，使所有沉淀都能均匀湿润，如果不允许使用较大量的洗涤液，则洗涤液应淹没所有的沉淀，使洗涤剂缓慢通过沉淀物，抽吸干燥。如需多次洗涤，则重复操作至达到要求为止。洗涤后的沉淀如果是实验的产物，可用手掌轻轻拍打漏斗四周，使其中的沉淀疏松，然后把布氏漏斗倒盖在表面皿上，上下振动几次或往漏斗颈口用力一吹，使沉淀连同滤纸脱离布氏漏斗，然后用玻璃棒小心地将粘在滤纸上的沉淀刮下。若过滤后只需要留用溶液，取下漏斗滤液从抽滤瓶的上口倾出。

3.7 干燥器的准备和使用

干燥器是一种用来对物品进行干燥或保存干燥物品的玻璃仪器。如图 3－33。干燥器内有一块圆孔的瓷板将其分成上、下两室。下室放干燥剂，上室放待干燥物品。

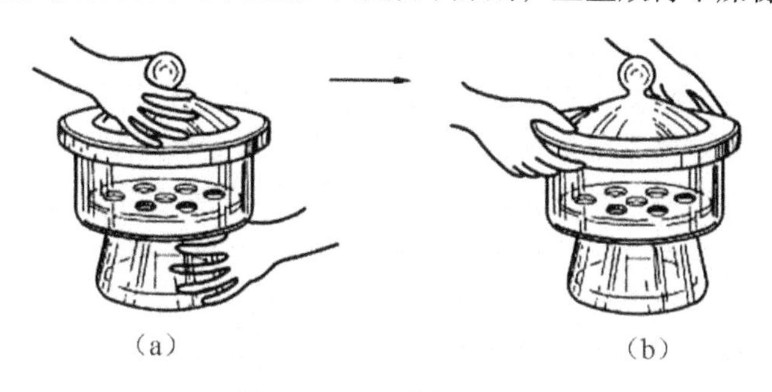

图 3－33 干燥器及使用

(a) 开启或关闭干燥器 (b) 移动干燥器

使用干燥器前，先将瓷板和内壁擦干净。装干燥剂时，可用一张稍大的纸折成喇叭形，插入干燥器底，大口向上，从中倒入干燥剂，避免干燥器沾污。干燥剂的量以下室的一半为宜。干燥剂一般用变色硅胶，当蓝色的硅胶变成红色（钴盐的水合物）时，即应将硅胶重新烘干。

干燥器的沿口和盖沿均为磨砂平面，用时需涂敷一薄层凡士林以增加其密封性。开启或关闭干燥器时，用左手向右抵住干燥器身，右手握住盖的圆把手向左平推干燥器盖（图 3－33（a））。取下的盖子应盖里朝上放在实验台上。

灼烧的物体放入干燥器后，为防止干燥器内空气膨胀而将盖子顶落，应反复将盖子推开一道细缝，让热空气逸出，直至不再有热空气排出时再盖严盖子。

搬移干燥器时，要用双手拿着干燥器和盖子的沿口（图 3－33（b））以防盖子滑落打碎，绝对禁止只用手捧其下部。

第4章　天平及常用光、电仪器的使用

4.1 电子天平

物质的称量是无机化学实验最基本的操作之一，目前化学实验室中最常用的称量仪器是电子天平。

电子天平是利用电子装置完成电磁力补偿的调节，使物体在重力场中实现力的平衡，或通过电磁力矩的调节，使物体在重力场中实现力矩的平衡。电子天平具有使用寿命长、性能稳定、操作简便和灵敏度高的特点。此外，电子天平还具有自动校准、自动去皮、超载显示、故障报警等功能以及具有质量电信号输出功能，且可与打印机、计算机联用，进一步扩展其功能，如统计称量的最大值、最小值、平均值及标准偏差等。

无机实验室常用的电子天平分别是精度为0.1 g的电子天平（图4－1（a））和精度为0.000 1 g的电子分析天平（图4－1（b））。

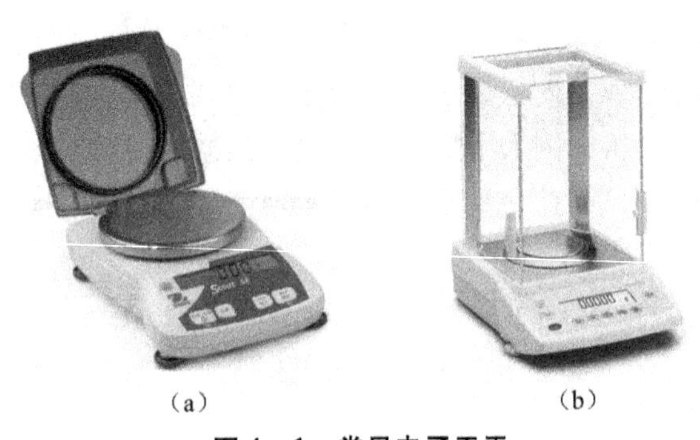

（a）　　　　（b）

图4－1　常见电子天平

（a）精度为0.1 g的电子天平　（b）精度为0.000 1 g的电子分析天平

4.1.1 精度为0.1 g电子天平的使用方法

以Scout SE电子天平为例。其操作面板见图4－2和表4－1。

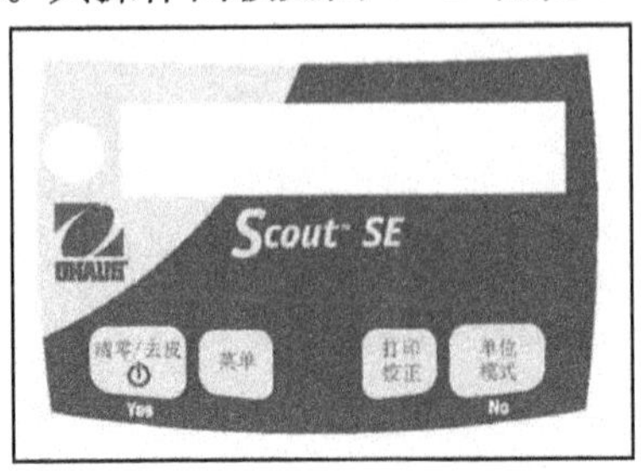

图4－2　操作面板

表 4-1 操作面板功能

按键	功能
清零/去皮 Yes	• 主功能（短按）——如果天平处于关机状态，则开机； 如果天平处于称重状态，则清零/去皮
	• 第二功能（长按）——关机
	• 菜单功能——在菜单操作中，短按进入子菜单或者接受当前菜单选项
菜单	• 主功能（短按）——进入用户菜单
打印校正	• 主功能（短按）——打印当前读数
	• 第二功能（长按）——启动量程校正功能
单位模式 No	• 主功能（短按）——选择下一可选的称重单位
	• 第二功能（长按）——在当前称重单位和可选的称重模式之间切换
	• 菜单功能——在菜单操作中，短按切换菜单选项

使用方法

（1）打开电子天平上方盖子，检查天平水平状态。若不水平，则调节电子天平的底脚螺丝，使之水平，然后插上电源。

（2）短按清零/去皮键，开机自检。数秒钟后自检结束，显示 0.0 g。

（3）将烧杯（或称量纸）置于电子天平称量盘正中间，待显示数字稳定后，短按清零/去皮键，去皮完成，显示 0.0 g。

（4）在烧杯（或称量纸）中加入被称量的物体，待显示数字稳定后，读数记录数据。

（5）若不再使用天平，则长按清零/去皮键关机，称量完毕。

4.1.2 电子分析天平的使用、称量方法及使用注意事项

1. 电子分析天平的使用

以赛多利斯 BSA224S—CW 型电子分析天平为例（图 4-1（b））。其控制键板示意图如图 4-3。

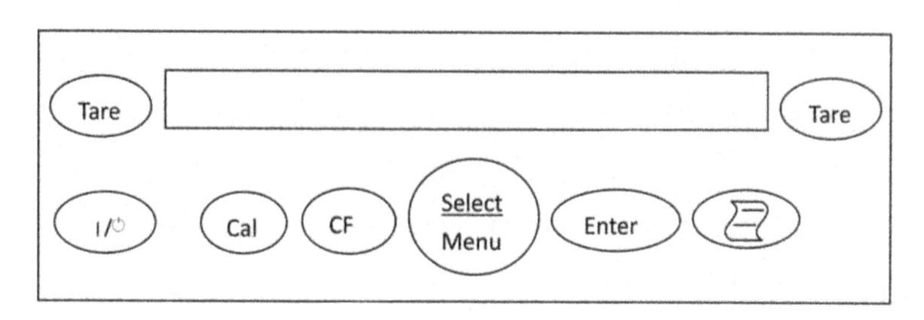

图 4-3 赛多利斯 BSA224S—CW 型电子分析天平控制键板示意图

I/⏻—开关键；Tare—除皮键（可去除任何容器的质量，使读数显示样品净重）；Cal—校准或调整；CF—删除（清除功能）；Select/Menu—选择应用程序/打开操作菜单；Enter—启动应用程序；⎙—数据输出

（1）水平调节：使用前观察水平仪，若水平仪水泡偏移，需调整水平调节脚，使水泡位于水平仪中心。

（2）预热接通电源，显示屏显示“OFF”，预热 1 h，天平保持在待机状态。

（3）按开关键“I /⏻”，天平自动化初始功能，自动去皮，显示“0.0000 g”。

（4）校正：内校，首次使用天平预热后，马上进行校正，按“Tare”键天平去皮，按“Cal”键，天平内置式砝码自动加载，自动调整天平，校完自动卸载天平内置砝码。

（5）称量：根据不同的称量对象，选用不同的称量方法。

（6）称量完毕，取下被称物，按去皮键清零。如果暂时不用，可按开关键使电子天平处于待机状态，盖上防尘罩。

2. 常用的称量方法

1）直接称量法

将被称物直接放在称量盘上，所得读数即被称物的质量。这种称量方法适用于洁净干燥的器皿、不宜潮解或升华的固体如金属等。注意，不能用手直接取放被称物，可采用戴手套、垫纸条、用镊子等适宜的办法。

2）增量法

增量法又称固定质量称量法。此法用于称量某一固定质量的试剂（如基准物质）或试样。适用于称量不易吸潮、在空气中能稳定存在的粉末状或小颗粒样品。先在天平上称出洁净器皿质量，待显示平衡后按“Tare”键清除器皿质量，打开天平门用药匙往容器中缓慢加入试样并观察显示屏，当达到所需质量时停止加样，关上天平门，显示平衡后即可记录所称取试样的净重。

3）减量法

该法是以称量瓶中试样的减少量为称量结果。对于称出物质的质量不要求固定在某一数值，只需在要求的称量范围即可，适于平行称取多份易吸水、易氧化或易与 CO_2 起反应的物质。将被称样品置于洁净干燥的称量瓶（称液体样品可用小滴瓶）中，在天平上准确称量后，按一下“Tare”键清除称量瓶质量，然后取出称量瓶向容器中敲出一定量样品，再将称量瓶放回天平上称量（转移样品后第二次准确称量显示为负值，其绝对值为所取样品的质量），如果所示重量达到要求范围，即可记录称量结果。若需连续称取第二份试样，则再按一下“Tare”键，显示为零后向第二个容器中转移试样。如此重复操作，可连续称取若干份样品。

称量瓶的使用方法：称量瓶是减量法称量粉末状、颗粒状样品最常用的容器。用前要洗干净烘干或自然晾干，称量时戴手套或用纸条套住瓶身中部，用手指捏紧纸条进行操作（图4-4），这样可避免手汗和体温的影响。将称量瓶置于天平盘，称出称量瓶加试样后的准确质量。按“Tare”键，将称量瓶取出，在接收器的上方，倾斜瓶身，用称量瓶盖轻敲瓶口上部使试样慢慢落入容器中（图 4－5）。当倾出的试样质量接近所需量（在欲称质量的 ±10% 内为宜，可从体积上估计）时，一边继续用瓶盖轻敲瓶口，一边逐渐将瓶身竖直，使黏附在瓶口上的试样落下，然后盖好瓶盖，把称量瓶放回天平盘，显示屏上的数字即为倾倒出的质量。按上述方法连续递减，可称取多份试样。

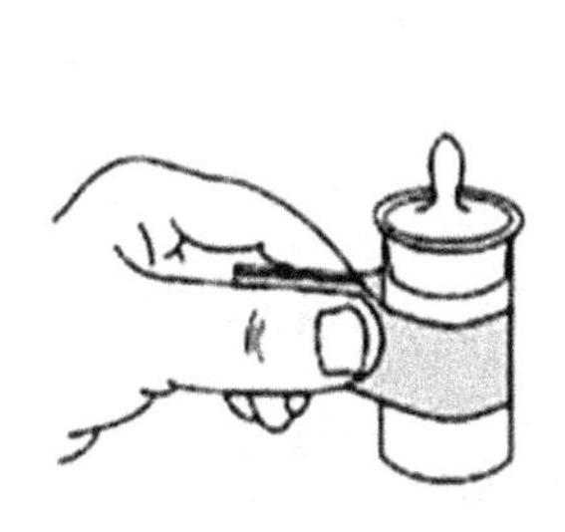

图 4－4　称量瓶拿法

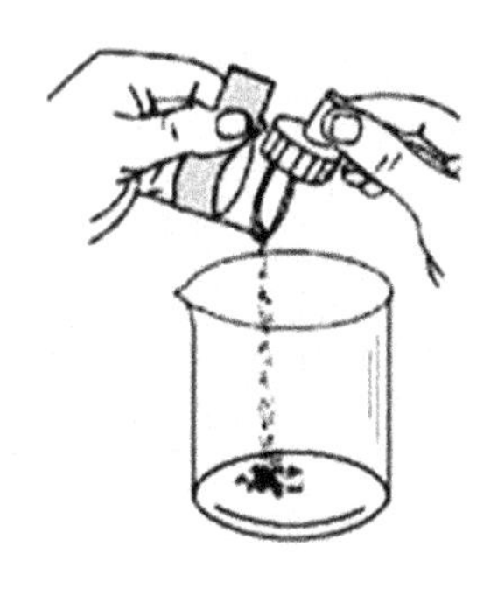

图 4－5　从称量瓶敲出试样操作

3. 使用电子分析天平注意事项

（1）保证天平室必须具备的基本条件：稳固的水泥台，温度 16～26 ℃，一日内温差不超过 1 ℃；湿度在 50%～60%。

（2）由专业技术人员安装和调修好天平，并确认天平的各项指标和性能正常后，方可交由学生使用。

（3）通常在天平内放置变色硅胶作干燥剂，当变色硅胶失效后应及时更换。注意保持天平、天平台和天平室的安全、整洁和干燥。

（4）使用天平必须注意：①使用前先检查天平是否正常、清洁，天平是否水平；②调定零点和读取称量读数时，关闭天平门。开、关天平门要轻、稳；③称量物温度与天平箱内温度要一致；④称量易挥发和具有腐蚀性的物品时，要盛放在密闭的容器中；⑤电子天平自重较轻，容易被碰撞移位而造成不水平，从而影响称量结果，所以在使用时要特别注意，动作要轻缓，并要经常查看水平仪；⑥称量完毕后要将用过的称量瓶放回原位，及时对天平还原并在天平使用登记本上进行登记。

4.2　酸度计

酸度计也称 pH 计，是一种通过测量电势差的方法测定溶液 pH 值的仪器。酸度计也可用于测定电池内的电动势，还可配合搅拌器作电位滴定及其氧化还原电对的电极电势测量。测酸度时，用 pH 测量挡，测电动势时用毫伏（mV 或 －mV）挡。以赛多利斯 PB—10 型酸度计（图 4－6（a））为例介绍酸度计的使用。

赛多利斯 PB—10 型酸度计是一种精密数字显示 pH 计，其自动识别 3 组 16 种缓冲液；校准只需按一个键，出现符号 S，读数已达稳定；同步显示 pH、温度和缓冲液；直接以 mV

或 pH 方式读取测量值；pH 测量范围 0～14.00；mV 测量范围（mV）±1 500.0；温度范围（℃）－5.0～105.0。酸度计面板结构见图 4－6（b）。

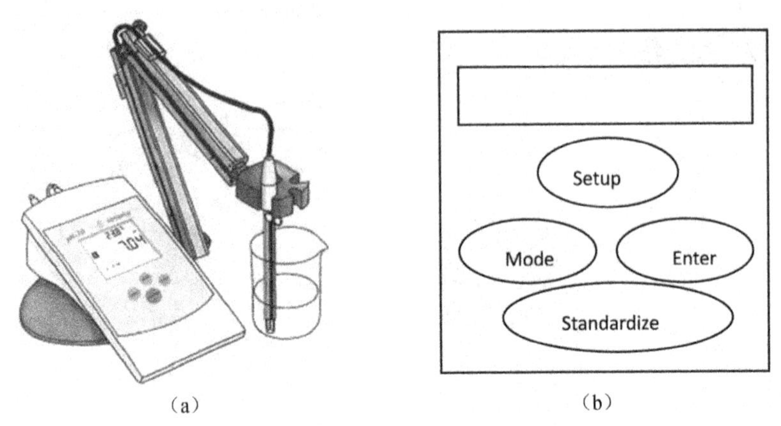

（a）　　　　　　（b）

图 4－6　PB—10 型酸度计及面板结构

Mode—转换键，用于 pH、mV 和相对 mV 测量方式转换；Setup—设定键，用于清除缓冲液，调出电极校准数据或选择自己识别缓冲液；Standardize—校准键，用于识别缓冲液进行校准；Enter—确认键，用于菜单选择确认

测量溶液 pH 操作如下。

1. 开机

（1）将电极插头与温度补偿插头，分别于酸度计的对应插头对接。

（2）将变压器插头与酸度计的电源接口对接。

（3）按“Mode”调 pH 界面，按“Enter”即可。

（4）电极部分浸泡于 3 $mol \cdot L^{-1}$ KCl 的电极储存液中。

（5）接通电源即开机，使仪器预热 30 min。

2. 校准

（1）按“Setup”，屏幕显示“Clear buffer”，按“Enter”确认，清除过去的校准数据。

（2）按“Setup”，直至屏幕显示缓冲液组“1.68，4.01，6.86，9.18，12.46”，或您所需要求的其他缓冲液组，按“Enter”确认。

（3）将复合电极用去离子水清洗，滤纸吸干后浸入第一种缓冲液（6.86），等到数值达到稳定并出现“S”时，按“Standardize”，仪器将自动校准，如果校准时间较长，可按“Enter”手动校准。作为第一校准点数值被存储，显示“6.86”。

（4）用去离子水清洗电极，滤纸吸干后浸入第二种缓冲液（4.01），等到数值达到稳定并出现“S”时，按“Standardize”，仪器将自动校准，如果校准时间较长，可按“Enter”手动校准。数值作为第二校准点被存储，显示（4.01　6.86）和“% Slope ××Good Electrode”。××显示测量的电极斜率值，该测量值在 90%～105% 范围内可接受。

（5）重复以上操作，完成第三点（9.18）校准。

3. 测量

用去离子水清洗电极，滤纸吸干后将电极浸入待测溶液。按一个方向不停地摇动溶液，等数值达到稳定出现“S”时，即可读取测量值。

使用完毕后，将电极用去离子水冲洗干净，用滤纸吸干电极上的水分。浸于装有 3 mol · L^{-1}KCl 溶液的电极防护帽中保存。

4. 注意事项

（1）塑料体 pH 复合电极测量 pH 值的核心部件是位于电极末端的玻璃薄膜，该部分是整个仪器最敏感也最容易受到损伤的部位。在清洗和使用的过程中，应该避免任何由于不小心造成的碰撞。使用滤纸吸干电极表面残留液时也要小心，不要反复擦拭。如果使用磁力搅拌，在测量时应保证电极与溶液底部有一定的距离，以防止磁棒碰到电极上。

（2）如发现电极有问题，可用 0.1 mol · L^{-1} HCl 溶液浸泡电极半小时后再放入3 mol · L^{-1} KCl 溶液中保存。

（3）测量完成后，不用拔下 pH 计的变压器，应待机或关闭总电源，以保护仪器。

4.3 分光光度计

分光光度计，又称光谱仪（spectrometer），是将成分复杂的光分解为光谱线的科学仪器。分光光度法是基于样品对光的选择性吸收，对样品进行定性或定量分析。所用仪器为可见光分光光度计（或比色计）、紫外分光光度计、红外分光光度计或原子吸收分光光度计。常用的波长范围为：①200 ~ 380 nm 的紫外光区，②380 ~ 780 nm 的可见光区，③2.5 ~ 25 μm（按波数计为 4 000 ~ 400 cm^{-1}）的红外光区，故可采用不同的发光体作为仪器的光源。通常可见光分光光度计的光源采用钨灯，钨灯光源所发出的 400 ~ 760 nm 波长的光谱光通过三棱镜折射后，可得到由红、橙、黄、绿、蓝、靛、紫组成的连续色谱；紫外分光光度计的光源采用氢灯（或氘灯），氢灯能发出 185 ~ 400 nm 波长的光谱。分光光度计按功能又可分为自动扫描型和非自动扫描型。前者配置计算机，可自动测量绘制物质的吸收曲线；后者需手动选择测量波长。

分光光度计虽然种类、型号较多，但都包括光源、色散系统、样品池及检测显示系统。光源所发出的光经色散装置分成单色光后通过样品池，利用检测装置来测量并显示光的被吸收程度。

以 722S 型分光光度计（图 4 - 7）为例进行说明。

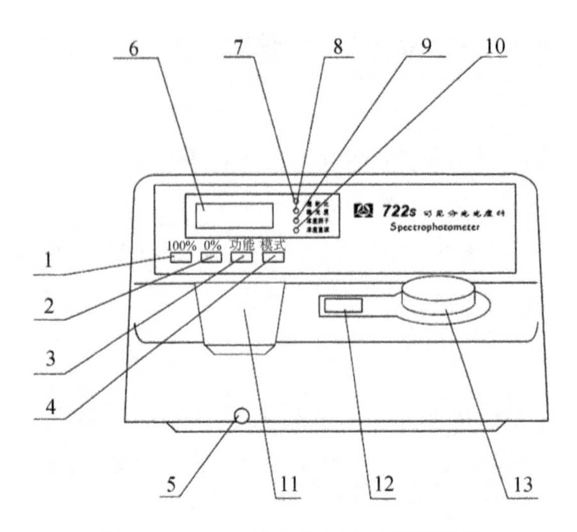

图 4-7　722S 分光光度计正面外形图

1—100%键；2—0%键；3—功能键；4—模式键；5—试样槽架拉杆；6—数字显示窗；7—透射比指示灯；8—吸光度指示灯；9—浓度因子指示灯；10—浓度直读指示灯；11—样品室；12—波长指示窗；13—波长调节旋钮

1. 722S 型分光光度计的使用方法

1）预热

打开试样室盖子，打开电源开关，使仪器预热 30 min 左右。

2）调 0%T

按“模式”键，使透射比指示灯点亮，观察数字显示窗中的显示数值，若不为 0%，则按 0% 钮，使之显示为 0%。

3）调节波长

调节波长旋钮至测量波长（通过波长显示窗确定选定的波长）。

4）调节 100%T

将盛有空白（参比）溶液的比色皿置于光路中，盖下试样室盖子，按下 100% 键，使数字显示窗口中的显示数字为 100%。

连续操作 2）4）步骤数次，即可进行开始测定工作。

5）测定

将盛试液的比色皿置于光路中，盖下试样室盖子，按下模式键，此时吸光度指示灯点亮，待数字显示窗中的显示数字稳定后，即可读数、记录数据。

6）测量完毕

切断电源，开关置于“关”处，洗净比色皿，将仪器罩上防尘罩。

2. 注意事项

（1）测定时，比色皿要用被测液荡洗 2 至 3 次，确保被测液浓度不发生改变。

（2）比色皿中的溶液体积应不少于比色皿容积的 1/2，不大于 2/3。

（3）手拿比色皿时，手指只能捏住毛玻璃的两面。若比色皿外侧附着液体，应先用滤纸吸干溶液，然后用镜头纸擦净表面。

（4）仪器试样槽架可同时放置四只比色皿，用仪器前面试样槽拉杆拉动来改变比色皿位置。当拉杆推至最里边时，此时靠近“测试者”的比色皿在光路中。当拉杆向外拉动一格时，此时第二只比色皿置于光路中，依次来推。

（5）由于比色皿之间的透光率可能存在差异，为了降低系统误差，提高实验数据的精密度，在测试试样时，提倡用同一只比色皿测定不同浓度的试液。在测定一系列溶液的吸光度时，通常都按由稀到浓的顺序测定，以减小测量误差。

（6）当仪器预热或较长时间不进行测试试液时，应打开试样室盖子，以免光电管长时间受光的照射产生疲劳而影响使用寿命。

4.4 电导率仪

1. 用途

DDS—11A型电导率仪是实验室用电导率测量仪表。它除了能测定一般液体的电导率外，还能测定高纯水的电导率。信号输出为 0 ~ 10 mV，可接自动电子电位差计进行连续记录。

2. 结构

仪器的元件全部安装在面板上，电路元件集中安装在一块印刷板上，印刷板固定在面板的反面。仪器的外观如图 4 - 8 所示。

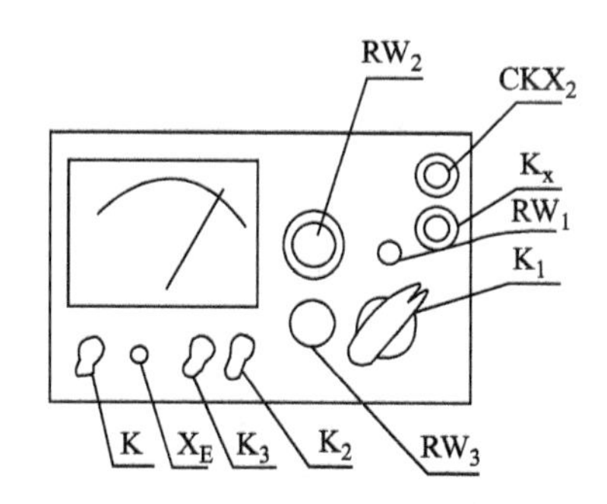

图 4 - 8　DDS—11A 型电导率仪外观结构

K_3—高周、低周开关；K_2—校正、测量开关；RW_3—校正调节器；RW_2—电极常数补偿调节器；K_1—量程选择开关；RW_1—电容补偿调节器；K_x—电极插口；CKX_2—10 mV 输出插口；K—电源插口；X_E—电源指示灯

3. 使用方法

（1）打开电源开关前，观察表针是否指零，如不指零，可调整表头上的螺丝，使表针指零。

（2）将校正、测量开关 K_2 放在“校正”位置。

（3）插接电源线，打开电源开关，并预热数分钟（待指针完全稳定为止），调节“校正”调节器使电表指至满度。

（4）当使用 1 ~ 8 量程测量电导率低于 300 μS·cm^{-1}的液体时，选用“低周”，这时将 K_3 指向“低周”即可。当使用 9 ~ 12 量程测量电导率在 300 ~ 10^5 μS·cm^{-1}范围内的液体时，即将 K_3 指向“高周”。

（5）将量程选择开关 K_1 指到所需要的测量范围，如预先不知被测液体电导率的大小，应先将其放在较大电导率测量挡上，然后逐挡下降，以防表针打弯。

（6）使用电极时用电极夹夹紧电极的胶木帽，并通过电极夹把电极固定在电极杆上。

当被测液的电导率低于 10 μS·cm^{-1}时，使用 DJS—1 型光亮电极。这时应把 RW_2 调节在与所配套的电极的常数相对应的位置上。例如，若配套的电极的常数为 0.95，则应把 RW_2 调节在 0.95 处；若配套电极的常数为 1.1，则应把 RW_2 调节在 1.1 的位置上。

当被测液的电导率在 10 ~ 10^4 μS·cm^{-1}时，则使用 DJS—1 型铂黑电极。把 RW_2 调节在与所配套的电极常数相对应的位置上。

当被测液的电导率大于 10^4 μS·cm^{-1}，以致用 DJS—1 型铂黑电极测不出时，则选用DJS—10 型铂黑电极。这时应把 RW_2 调节在所配套的电极的常数的 1/10 位置上。例如：若电极的常数为 9.8，则应把 RW_2 指在 0.98 位置上，再将测得的读数乘以 10，即为被测液的电导率。

（7）将电极插头插入电极插口内，旋紧插口上的紧固螺丝，再将电极浸在待测溶液中。

（8）校正（当用 1 ~ 8 量程测量时，校正时 K_3 指在低周），将 K_2 指在“校正”，调节 RW_3 指向正满度。注意：为了提高测量精度，当使用“$\times 10^3$” μS·cm^{-1}，“$\times 10^4$” μS·cm^{-1}两挡时，校正必须在电导池接妥（电极插头插入插孔，电极浸入待测的溶液中）的情况下进行。

（9）此后，将 K_2 指向测量，这时指示数乘以量程开关 K_1 的倍率即为被测液的实际电导率。例如，K_1 指在 0 ~ 0.1 μS·cm^{-1}一挡，指示针指向 0.6，则被测液的电导率为 0.06 μS·cm^{-1}；又如，K_1 指在 0 ~ 100 μS·cm^{-1}一挡，指示针指向 0.9，则被测液的电导率为 90 μS·cm^{-1}；依此类推。

（10）当用 0 ~ 0.1 μS·cm^{-1}或 0 ~ 0.3 μS·cm^{-1}挡测量高纯水（10 MΩ 以上）时，先把电极引线插入插孔，在电极未浸入溶液之前，调节 RW_1 使电表指示为最小值（此最小值为电极铂片间的漏电阻，由于此漏电阻的存在，使调 RW_1 时电表指针不能达到零点），然后开始测量。

（11）当量程开关 K_1 指在“×0.1”，K_3 指在低周，但电导池插口未插接电极时，电表就有指示，这是正常现象，因电极插口及接线有电容存在，只需待电极引线插入插口后，再将指示调至最小值即可。

（12）在使用量程选择开关的 1，3，5，7，9，11 各挡时，应读取表头上行的数值（0 ~ 1.0）；使用 2，4，6，8 各挡时，应读取表头下行的数值（0 ~ 3）。

4. 注意事项

（1）电极的引线不能潮湿，否则测量不准；盛被测溶液的容器必须清洁，无离子沾污。

（2）高纯水加入容器后应迅速测量，否则电导率增加很快（水的纯度越高，电导率越低），因为空气中的二氧化碳溶解在水里，生成 CO_3^{2-}，会影响水的电导率。

第 5 章　分析数据的记录和处理

5.1 准确度和精密度

5.1.1 准确度与误差

准确度表示测量值（x）与被测组分真实值（T）接近的程度。准确度用误差衡量。误差即测定结果 x 与真实值 T 的差别。分析结果与真实值的差别越小，则准确度越高。误差有绝对误差和相对误差两种表示方法。

绝对误差：$E = x - T$

相对误差：$RE = \frac{E}{T} \times 100\% = \frac{x - T}{T} \times 100\%$

误差有正负之分，正误差表示测定结果偏高，负误差表示测定结果偏低。通常用相对误差来衡量测定的准确度。

5.1.2 精密度与偏差

精密度是指对同一样品在相同条件下所做多次平行测定的各个结果间相互接近的程度。精密度高低用偏差衡量。偏差越小，精密度越高，表示平行测定的接近程度就越高。偏差常用下列方法来表示。

1. 绝对偏差和相对偏差

绝对偏差为某单次测定结果（x_i）与平行测定各单次测定结果平均值（$\bar{x}$）之差。相对偏差为绝对偏差与平均值之比。

绝对偏差 $d_i = x_i - \bar{x}$

相对偏差 $Rd_i = \frac{d_i}{\bar{x}} = \frac{x_i - \bar{x}}{\bar{x}} \times 100\%$

2. 平均偏差和相对平均偏差

平均偏差指各单次测定结果偏差绝对值的平均值。相对平均偏差为平均偏差与平均值之比。

平均偏差：$\bar{d} = \frac{1}{n}\sum_{i=1}^{n} |d_i|$

相对平均偏差：$R\bar{d} = \frac{\bar{d}}{\bar{x}} \times 100\%$

3. 标准偏差与相对标准偏差

标准偏差又称均方根偏差。对有限次平行测定，标准偏差用 s 表示。

$$s = \sqrt{\frac{\sum_{i=1}^{n} d_i^2}{n-1}}$$

相对标准偏差又称变异系数，为标准偏差与平均值之比。通常用（CV）表示。

$$CV = \frac{s}{\bar{x}} \times 100\%$$

5.2 误差的来源和分类

误差通常分为两类。

1. 系统误差

系统误差是由某种固定的原因造成的，它具有单向性（即正负、大小都有一定的规律性），当重复进行测定时会重复出现。产生系统误差的主要原因有：

（1）方法误差，即分析方法本身存在缺陷所致的误差；

（2）仪器或试剂误差，由于仪器本身不够准确或试剂不纯所致的误差；

（3）操作误差，由操作人员的习惯性操作所致的误差。

系统误差是重复固定出现的，增加平行测定次数，采用数理统计方法并不能够消除。

2. 随机误差（偶然误差）

随机误差是由某些难以控制，无法避免的偶然因素造成的，其大小、正负都不固定。

随机误差虽然不能通过校正而减小消除，但是它的出现服从统计规律，可以通过增加测定次数予以减小并采取统计方法对结果进行正确的表达。

两类误差的划分并非是绝对的。有时很难区分某种误差是系统误差或是随机误差。例如判断滴定终点的迟早，观察颜色的深浅，总有偶然性。使用同一仪器所引起的误差也未必是相同的，随机误差比系统误差更具有重要的意义。

5.3 提高测定结果准确度的措施

1. 检验并消除系统误差

查找造成系统误差的原因，采用不同方法进行处理。

1）校正

测量仪器和测量方法用国家标准方法与选用的测量方法相比较，以校正所选用的测量方法。

对准确度要求较高的测量，要对选用的仪器，如天平砝码、滴定管、移液管、容量瓶、温度计等进行校正。

2）空白实验

空白实验是在同样测定条件下，用蒸馏水代替试液，用同样的方法进行测定。其目的是消除由试剂（或蒸馏水）和仪器带进杂质所造成的系统误差。

3）对照实验

对照实验是用已知准确成分或含量的标准样品代替试样，在同样的测定条件下，用同样的方法进行测定的一种方法。其目的是判断试剂是否失效，反应条件是否控制适当，操作是否正确，仪器是否正常等。

对照实验也可以用不同的测定方法，或由不同单位不同分析人员对同一试样进行测定来互相对照，以说明所选方法的可靠性。

2. 减少测量误差

重量分析中，测量步骤为称重，我们就要尽量减小称量误差，分析天平的称量误差为 ±0.000 1 g，若称量两次其误差为 ±0.000 2 g。若要求称量的相对误差小于 0.1%，则试样的质量应为

$$m=\frac{|\text{绝对误差}|}{\text{相对误差}}=\frac{0.000\ 2}{0.1\%}=0.2\ \text{g}$$

所以试样质量必须大于或等于 0.2 g，才能保证称量误差在 0.1% 以内。

滴定分析中滴定一份试样读的次数，两次读数造成的误差为 ±0.02 mL，要使相对误差为 0.1%，则消耗试剂至少要为 20 mL。

因此适当增加被测量，可以减小测量误差。

3. 减小随机误差

增加测定次数，减小随机误差，一般分析测定 4 ~ 6 次即可。

5.4 有效数字及运算规则

1. 有效数字

有效数字就是实际所能测到的数字。有效数字的保留位数，由分析方法和仪器的准确度来决定，应使数值中只有最后一位是可疑的。

若用分析天平称量得 0.500 0 g，表示最后一位为可疑数字，其相对误差为 ±0.000 2 g/0.500 0 g × 100% = ±0.04%。

若称取 0.5 g 试样，表示用精度为 0.1 g 的电子天平称量，相对误差为 ±0.2 g/0.5 g × 100% = ±40%，同样，如把量取液体的体积记作 24 mL，则说明用量筒量取的，而用滴定管放出的体积应为 24.00 mL。

在记录测量数据时，任何超过或低于仪器精确度的有效位数的数字都是不恰当的。表示有效数字时，需注意“0”的不同作用，0 在数字的中间或数字后面时，是有效数字，若“0”在数字前面，它只起定位作用，不是有效数字。

20.30 mL 中，最后一个“0”是有效数字，故 20.30 有效数字位数为四位。

0.020 30 L 中，前面两个 0 为定位数字而非有效数字，而最后一个零为有效数字。0.020 30 有效数字位数为四位。

由上例可见，改变单位，有效数字位数不变。

特殊情况，对于对数如 pH、pM、pK 来讲，整数部分只代表该数的方次，而有效数字由小数部分来决定。

如 pH = 11.02，即 $c(H^+) = 9.6 \times 10^{-12}$ mol · L^{-1}，有效数字为两位而不是四位。

2. 有效数字的修约规则

对于分析数据进行处理时，多采用“四舍六入五成双”的规则。当尾数≤4 时舍去，尾数≥6 则入，若尾数等于 5 而后面的数为零时，若 5 前面是偶数则舍，为奇数则入，当 5 后面还有非零的任何数时，无论 5 前面是偶是奇皆入。修约要一次到位，不能连续修约。

如：26.175、26.165、26.165 1、2.613 47 修约为四位有效数字，分别为 26.18、26.16、26.17、2.613。

3. 有效数字的运算规则

在分析结果的计算中，每个测量值的误差都要被传递到结果里。因此必须运用有效数字的运算规则，做到合理取舍，先将数据修约后，再进行计算。

(1) 加减法：是各个数值绝对误差的传递。结果的绝对误差应与各数中绝对误差最大的那个数相适应。按照小数点后位数最少的那个数来保留其他各数的位数。

如：　$0.0121 + 25.64 + 1.05782 = 0.01 + 25.64 + 1.06 = 26.71$

(2) 乘除法：是各个数值相对误差的传递，结果的相对误差应与各数中相对误差最大的那个数相对应。通常可以按照有效数字位数最少的那个数来保留其他各数的位数。

如：$0.0121 \times 25.64 \times 1.05782 = 0.0121 \times 25.6 \times 1.06 = 0.328$

有效数字位数的使用，通常取决于所用仪器，滴定分析方法误差在 0.1% 内所以一般保留四位有效数字，用万分之一的天平称量时，一般也保留小数点后四位有效数字。在仪器分析中，只要保留两位有效数字，就可以达到误差小于 10% 的要求。

在记录实验数据和有关化学计算中，要注意有效数字的运用，否则会使计算结果不准确。

表 5-1　常用仪器的精度

仪器名称	仪器精密度	例子	有效数字
电子天平	0.1 g	13.6 g	3 位
分析天平	0.000 1 g	16.110 8 g	6 位
10 mL 量筒	0.1 mL	8.5 mL	2 位
100 mL 量筒	1 mL	85 mL	2 位
移液管	0.01 mL	20.00 mL	4 位
滴定管	0.01 mL	21.13 mL	4 位
容量瓶	0.01 mL	25.00 mL	4 位

第二部分 ↘

实　验

第 6 章　基础实验

实验一　走进无机化学实验室

一、实验目的

（1）学习化学实验室安全知识。

（2）学习无机化学实验室基本规则。

（3）了解无机化学实验课程的学习内容。

（4）学习并练习常用仪器的洗涤和干燥方法。

二、实验步骤

1. 实验安全教育及实验室规则讲解

（1）学习实验室安全守则和意外事故的处理。

（2）讲解无机化学实验室基本规则及实验课程要求。

（3）无机实验概述。

2. 清点实验柜中仪器，认领仪器

（1）熟悉其名称、规格、用途及使用注意事项。

（2）对照清单认领、清点无机化学实验室常用仪器。

3. 仪器的洗涤与干燥

实验化学中经常使用各种玻璃仪器。如果使用不洁净的仪器，往往由于污物和杂质的存在而得不到正确的结果，因此，玻璃仪器的洗涤是实验化学中一项重要的内容。玻璃仪器的洗涤方法很多，应根据实验要求、污物的性质和沾污的程度来选择合适的洗涤方法。

三、思考与讨论

（1）烤干试管时为什么管口略向下倾斜？

（2）什么样的仪器不能用加热的方法进行干燥，为什么？

（3）玻璃仪器洗涤的方法有哪些？适用范围及洗净的标准是什么？

（4）玻璃仪器干燥的方法及适用范围是什么？

（5）玻璃仪器内壁上黏附①二氧化锰，②硫黄，③硫酸钠，④铜，⑤银等物质，分别采用什么方法洗涤处理？写出相应的方程式。

实验二 电子天平称量练习

一、目的要求

（1）了解电子分析天平的构造，并熟悉电子分析天平的使用和维护方法。
（2）掌握电子分析天平的称量方法。
（3）培养准确、整齐、简明地记录实验原始数据的习惯。

二、实验原理

参阅教材 4. 1 电子天平有关部分。

三、实验用品

仪器：电子分析天平，称量瓶，烧杯。
试剂：固体试样（不锈钢片或不同面值的硬币）。

四、实验步骤

（1）观看《电子天平的使用》教学录像片。
（2）精度 0. 1 g 电子天平的使用。
①称量 50 mL 小烧杯的质量。
②用称量纸称量 1. 0 g 固体试样。
③称量 0. 50 g 固体试样于 50mL 小烧杯中。
（3）电子分析天平的使用。
①直接称量法：称量 50m L 小烧杯的质量。
②增量法称量：按照教师要求，称量两份不同质量的试样。
③减量法称量：准确称取 0. 4 ~0. 6 g 固体试样三份。

五、使用电子分析天平注意事项

（1）开关天平侧门，放取被称物等，其动作要轻、慢、稳，切不可用力过猛、过快，以免损坏天平。

（2）读取称量读数时，要关好天平门。称量读数要立即记录在实验报告本中。

（3）必须使用指定的天平。如果发现天平不正常，应及时报告老师或实验室工作人员，不得自行处理。

（4）称量完成后，应及时对天平进行清理并在天平使用登记本上登记。

六、数据记录

1. 精度 0.1 g 电子天平

用精度 0.1 g 电子天平称重，记录入表 6－1。

表 6－1　电子天平数据记录

样品	烧杯	试样 1	试样 2
质量/g			

2. 电子分析天平

用电子分析天平称重，记录入表 6－2。

表 6－2　电子分析天平数据记录

样品	烧杯	试样 1（增量法）	试样 2（减量法）
质量/g			

七、思考与讨论

（1）什么情况下用增量法称量？

（2）什么时候用减量法称量？

实验三　气体常数的测定

一、实验目的

（1）了解用置换法测定气体常数的原理和实验方法。

（2）明确如何应用气体状态方程式和分压定律进行有关计算。

（3）了解量气管、气压计的使用方法及测量气体体积的方法。

二、实验原理

本实验是通过金属镁置换出酸中的氢气的量来测定气体常数 R 的数值的。

$$Mg + H_2SO_4 = MgSO_4 + H_2 \uparrow$$

准确称取一定质量的金属镁，使其与过量的稀硫酸作用，在一定温度和压力下测出反应中所放出的氢气的体积 $V(H_2)$ 及反应前后量气管中水面读数之差，根据从气压计读得的大气压 p，室温时水的饱和蒸汽压 $p(H_2O)$，求算出氢气的分压 $p(H_2)=p-p(H_2O)$。根据镁条的质量求得氢气的物质的量 n。由温度计读得实验时的温度 T。就可根据气体状态方程求得气体常数 R。

$$R = \frac{p(H_2)V(H_2)}{n(H_2)T}$$

三、实验用品

试剂： 金属镁条，3 mol · L^{-1} H_2SO_4。

仪器： 分析天平，量气管（50 mL）（或 50 mL 碱式滴定管），滴定管夹，液面调节管（或 25 × 180 规格的直型接管），长颈普通漏斗，橡皮管，试管（25 mL），烧瓶夹。

四、实验步骤

（1）准确称取两份已擦去表面氧化膜的镁条，每份质量为 0.030 g ~ 0.035 g（准至 0.000 1 g）。

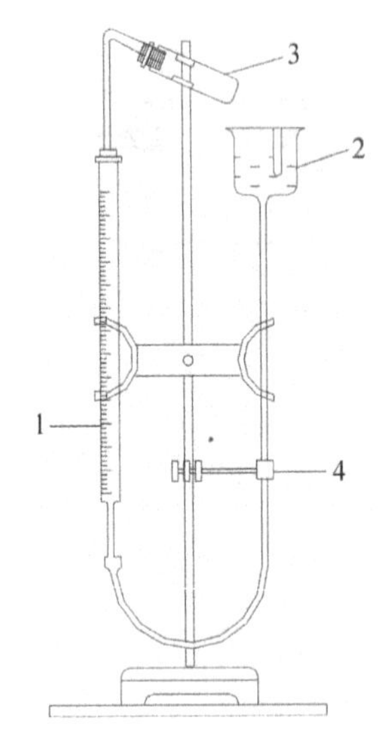

图 6 - 1　置换法装置图

1—量气管；2—液面调节管；3—试管；4—烧瓶夹

（2）按图 6 - 1 所示装配好仪器，打开试管 3 的胶塞，由液面调节管 2 往量气管 1 内装水至略低于刻度“0”的位置。上下移动调节管 2 以赶尽胶管和量气管内的气泡，然后将试管 3 的塞子塞紧。

（3）检查装置的气密性，把调节管 2 下移一段距离，固定在烧瓶夹 4 上。如果量气管内液面只在初始时稍有下降，以后维持不变（观察 3 ~ 5 min），即表明装置不漏气。如液面不断下降，应重复检查各接口处是否严密，直至确证不漏气为止。

（4）把液面调节管 2 移回原来位置，取下试管 3，用一长颈漏斗往试管 3 注入 6 ~ 8 mL3 mol · L^{-1}硫酸，取出漏斗时注意切勿使硫酸沾污管壁。将试管 3 按一定倾斜度固定好，把镁用水稍微湿润后贴于管壁内，确保镁条不与酸接触。检查量气管内液面是否处于“0”刻度以下，再次检查装置气密性。

（5）将调节管 2 靠近量气管右侧，使两管内液面保持同一水平，记下量气管液面位置。将试管 3 底部略微提高，让酸与镁条接触，这时反应产生的氢气进入量气管中，管中的水被压入调节管内。为避免量气管内压力过大可适当下移调节管 2，使两管液面大体保持同一水平。

（6）反应完毕后，待试管 3 冷却至室温，然后使调节管 2 与量气管 1 内液面处于同一水平，记录液面位置。1 ~ 2 min 后，再记录液面位置，直至两次读数一致，即表明管内温度已与室温相同。

（7）记录室温和大气压。

室温：　　　　　　　　　　　　　　压力：

五、数据记录和结果处理

数据记录入表 6 - 3。

表 6-3 摩尔气体常数 R 测定

序 号	1	2
m_{Mg}		
$V(H_2)$		
$n(H_2)$		
$p(H_2)=p-p(H_2O)$		
$R=\frac{p_{(H_2)}V(H_2)}{n(H_2)T}$		
R 平均值		
相对误差		

六、实验注意事项

(1) 整个装置不漏气，在装好硫酸和镁条后再检查一次。

(2) 镁条表面氧化膜要除尽，用量要适当，称量要精确。

(3) 试管中加入硫酸并放置好镁条后，要小心操作，勿使镁条掉入酸中或沾有酸。

(4) 反应后，须等试管内气体冷却到室温再读数。读数时，量气管水面弯月面最低点与漏斗中水面及视线必须处于同一水平面上。量气管读数精确到 0.01 mL。

(5) 大气压从气压计上准确读出。

七、思考与讨论

(1) 根据实验结果，讨论实验误差产生的原因。

(2) 根据本实验所用的参数方程，还可以测量哪些物理量？能否设计测量方案？

(3) 在镁条与稀酸作用后，为什么要等到试管冷却到室温时方可读数？

实验四 硝酸钾的制备与提纯

一、实验目的

(1) 学习利用温度对物质溶解度的差异，用复分解法来制备易溶盐的原理和方法。

(2) 学习溶解、加热、蒸发浓缩、过滤、结晶等基本操作。

(3) 学习定性检验某些物质是否已除去的方法。

二、实验原理

采用 $NaNO_3$ 和 KCl 通过复分解来制取 KNO_3。其反应为：

$$NaNO_3 + KCl = NaCl + KNO_3$$

利用溶液中不同溶质的溶解度随温度变化而不同这一性质，将物质进行分离并提纯。

溶质溶解度随温度变化小的（如 NaCl）采用蒸发结晶法；溶质溶解度随温度变化大的（如 KNO_3）采用冷却结晶法。

$NaNO_3$、KCl、NaCl、KNO_3在不同温度下的溶解度（g/100 g 水），见表 6－4。

表 6－4　$NaNO_3$、KCl、NaCl、KNO_3溶解度

温度/℃	0	10	20	30	40	60	80	100
KNO_3	13.3	20.9	31.6	45.8	63.9	110	169	246
KCl	27.6	31.0	34.0	37.0	40.0	45.5	51.1	56.7
$NaNO_3$	73	80	88	96	104	124	148	180
NaCl	35.7	35.8	36.0	36.3	36.6	37.3	38.4	39.8

三、实验用品

试剂： $NaNO_3$(s)，KCl(s)，0.1 $mol \cdot L^{-1}$ $AgNO_3$。

仪器： 烧杯，量筒，表面皿，玻璃棒，减压装置，酒精灯，天平，三脚架。

四、实验步骤

1. 硝酸钾的制备

称取 $NaNO_3$ 20 g，KCl 17 g 放入 100 mL 烧杯中，加入 35 mL 蒸馏水，加热至沸，使固体溶解。继续加热、搅拌，待溶液蒸发至原来体积的 2/3 时，停止加热，趁热减压过滤。

滤液转入烧杯，冷却至室温。滤液中便有晶体析出。用减压过滤的方法分离并抽干此晶体，即得粗产品。称量其质量。

2. 重结晶法提纯 KNO_3

将粗产品放在 50 mL 烧杯中（留 0.1 g 粗产品作纯度对比检验用），加入计算量（粗产品：水＝2:1）的蒸馏水并搅拌之，用小火加热，直至晶体全部溶解为止。然后冷却溶液至室温，待大量晶体析出后再次减压过滤，晶体用滤纸吸干，放在表面皿上称重，并观察其外观。

3. 产品纯度的检验

称取 KNO_3产品 0.1 g（剩余产品回收）放入盛有 20 mL 蒸馏水的小烧杯中，溶解后取得 1 mL，稀释至 100 mL，取稀释液 1 mL 放在试管中，加 1～2 滴 0.1 $mol \cdot L^{-1}$ $AgNO_3$溶液，观察有无 AgCl 白色沉淀产生。并与粗产品的纯度作比较。

五、现象描述及数据记录

现象描述及数据记录见表 6－5。

表 6－5　数据记录

样　品	质量/g	外观	加 $AgNO_3$ 现象
粗产品			
提纯产品			

六、注意事项

步骤 1 中加热前观察溶液液面高度。待液面蒸发至原体积 2/3，趁热过滤。

七、思考与讨论

（1）重结晶法提纯物质的适用性。

（2）能否将除去氯化钠后的滤液直接冷却制取硝酸钾？

（3）实验中为何要趁热过滤除去 NaCl 晶体？

实验五　化学反应速率和活化能的测定

一、实验目的

（1）了解浓度、温度和催化剂对反应速率的影响。

（2）测定过二硫酸铵与碘化钾反应的反应速率，并计算反应级数、反应速率常数和反应的活化能。

二、实验原理

在水溶液中过二硫酸铵和碘化钾发生如下反应：

$$(NH_4)_2S_2O_8 + 3KI = (NH_4)_2SO_4 + K_2SO_4 + KI_3$$

$$S_2O_8^{2-} + 3I^- = 2SO_4^{2-} + I_3^- \qquad (1)$$

其反应的微分速率方程可表示为：

$$v = kc_{S_2O_8^{2-}}^m \cdot c_{I^-}^n$$

式中 v 是在此条件下反应的瞬时速率。若 $c_{S_2O_8^{2-}}$、c_{I^-} 是起始浓度，则 v 表示初速率（v_0）。k 是反应速率常数，m 与 n 之和是反应级数。

实验能测定的速率是在一段时间间隔（Δt）内反应的平均速率 $\bar{v}$。如果在 Δt 时间内 $S_2O_8^{2-}$ 浓度的改变为 $\Delta C_{S_2O_8^{2-}}$，则平均速率

$$\bar{v} = \frac{-\Delta c_{S_2O_8^{2-}}}{\Delta t}$$

近似地用平均速率代替初速率：

$$v_0 = ck^m_{S_2O_8^{2-}} \cdot c^n_{I^-} = \frac{-\Delta c_{S_2O_8^{2-}}}{\Delta t}$$

为了能够测出反应在 Δt 时间内$S_2O_8^{2-}$浓度的改变值，需要在混合（NH_4）$_2S_2O_8$和KI溶液的同时，加入一定体积已知浓度的 $Na_2S_2O_3$溶液和淀粉溶液，这样在反应（1）进行的同时还进行下面的反应：

$$2S_2O_3^{2-} + I_3 = S_4O_6^{2-} + 3I^- \qquad (2)$$

这个反应进行得非常快，几乎瞬间完成，而反应（1）比反应（2）慢得多。因此，由反应（1）生成的 I_3 立即与 $S_2O_3^{2-}$ 反应，生成无色的 $S_4O_6^{2-}$ 和 I^-。所以在反应的开始阶段看不到碘与淀粉反应而显示的特有蓝色。但是一当 $Na_2S_2O_3$ 耗尽，反应（1）继续生成的 I_3就与淀粉反应而呈现出特有的蓝色。

由于从反应开始到蓝色出现标志着 $S_2O_3{}^{2-}$ 全部耗尽，所以从反应开始到出现蓝色这段时间 Δt 里，$S_2O_3{}^{2-}$浓度的改变 $\Delta S_2O_3{}^{2-}$实际上就是 $Na_2S_2O_3$的起始浓度。

再从反应式（1）和（2）可以看出，$S_2O_8{}^{2-}$减少的量为 $S_2O_3{}^{2-}$减少量的一半，所以 $S_2O_3{}^{2-}$在 Δt 时间内减少的量可以从下式求得

$$\Delta c_{S_2O_8{}^{2-}} = \frac{c_{S_2O_8^{2-}}}{2}$$

实验中，通过改变反应物 $S_2O_8{}^{2-}$和 I^-的初始浓度，测定消耗等量的 $S_2O_8{}^{2-}$的物质的量浓度 $\Delta S_2O_8{}^{2-}$所需要的不同的时间间隔（Δt），计算得到反应物不同初始浓度的初速率，进而确定该反应的微分速率方程和反应速率常数。

三、实验用品

试剂： 0.20 mol·L^{-1}(NH_4)$_2S_2O_8$，0.20 mol·L^{-1}KI，0.010 mol·$L^{-1}$$Na_2S_2O_3$，0.20 mol·$L^{-1}$ KNO_3，0.20 mol·L^{-1}(NH_4)$_2SO_4$，0.02 mol·L^{-1}Cu(NO_3)$_2$，0.2%淀粉溶液，冰。

仪器： 烧杯，大试管，量筒，秒表，温度计。

四、实验步骤

1. 浓度对化学反应速率的影响

在室温条件下进行表6－6中编号Ⅰ的实验。用量筒分别量取10.0 mL 0.20 mol·L^{-1}KI溶液、4.0 mL 0.010 mol·L^{-1} $Na_2S_2O_3$溶液和2 mL 0.4%淀粉溶液，全部加入烧杯中，混合均匀。然后用另一量筒取10 mL 0.20 mol·L^{-1}（NH_4）$_2S_2O_8$溶液，迅速倒入上述混合液中，同时启动秒表，并不断搅动，仔细观察。当溶液刚出现蓝色时，立即按停秒表，记录反应时间和室温。

用同样方法按照表6－6的用量进行编号Ⅱ、Ⅲ、Ⅳ、Ⅴ的实验。

表 6-6 浓度对反应速率的影响室温

实验编号		Ⅰ	Ⅱ	Ⅲ	Ⅳ	Ⅴ
试剂用量/mL	0.20 mol·L^{-1} $(NH_4)_2S_2O_8$	10.0	5.0	2.5	10.0	10.0
	0.20 mol·L^{-1} KI	10.0	10.0	10.0	5.0	2.5
	0.010 mol·L^{-1} $Na_2S_2O_3$	4.0	4.0	4.0	4.0	4.0
	0.4% 淀粉溶液	2.0	2.0	2.0	2.0	2.0
	0.20 mol·L^{-1} $(NH_4)_2SO_4$	0.0	5.0	7.5	0.0	0.0
	0.20 mol·L^{-1} KNO_3	0.0	0.0	0.0	5.0	7.5
混合液中反应物的起始浓度/mol·L^{-1}	$(NH_4)_2S_2O_8$					
	KI					
	$Na_2S_2O_3$					
反应时间 Δt/s						
$S_2O_8^{2-}$ 的浓度变化 $\Delta c_{S_2O_8^{2-}}$/(mol·L^{-1})						
反应速率 v						

2. 温度对化学反应速率的影响

按表 6-6 实验Ⅳ中的药品用量，将装有碘化钾、硫代硫酸钠、硝酸钾和淀粉混合溶液的烧杯和装有过二硫酸铵溶液的小烧杯，放入冰水浴中冷却，待它们温度冷却到低于室温 10 ℃时，将过二硫酸铵溶液迅速加到碘化钾等混合溶液中，同时计时并不断搅动，当溶液刚出现蓝色时，记录反应时间。此实验编号记为Ⅵ。

同样方法在热水浴中进行高于室温 10 ℃的实验（表 6-7）。此实验编号记为Ⅶ。

表 6-7 温度对化学反应速率的影响

实验编号	Ⅳ	Ⅵ	Ⅶ
反应温度 t/℃			
反应时间 Δt/s			
反应速率 v			

3. 催化剂对化学反应速率的影响

按表 6-7 实验Ⅳ的用量，把碘化钾、硫代硫酸钠、硝酸钾和淀粉溶液加到 150 mL 烧杯中，再加入 2 滴 0.02 mol·L^{-1} $Cu(NO_3)_2$，搅匀，然后迅速加入过二硫酸铵溶液，同时计时并不断搅拌，当深液刚出现蓝色时，记录反应时间。

五、数据记录及结果处理

1. 反应级数和反应速率常数的计算

将反应速率表示式 $v = kc^m_{S_2O_8^{2-}} c^n_{I^-}$ 两边取对数：

$$\lg v = m\lg c_{S_2O_8^{2-}} + n\lg c_{I^-} + \lg k$$

当c_{I^-}不变时（即实验Ⅰ、Ⅱ、Ⅲ），以$\lg v$对$\lg c_{I^-}$作图，可得一直线，斜率即为m。同理，当$c_{S_2O_8^{2-}}$不变时（即实验Ⅰ、Ⅳ、Ⅴ），以$\lg v$对$\lg c_{I^-}$作图，可求得n，此反应的级数则为$m+n$。

将求得的m和n代入$v = kc^m_{S_2O_8^{2-}} c^n_{I^-}$即可求得反应速率常数$k$。将数据填入表6－8。

表6－8　反应级数及反应速率常数k的计算

实验编号	Ⅰ	Ⅱ	Ⅲ	Ⅳ	Ⅴ
$\lg v$					
$\lg c_{S_2O_8^{2-}}$					
$\lg c_{I^-}$					
m					
n					
反应速率常数k					

利用表6－6的数据得出速率方程。并说明浓度对该反应速率的影响。

2. 反应活化能的计算

反应速率常数k与反应温度T一般有以下关系：

$$\lg k = A - \frac{E_a}{2.30RT}$$

式中E_a为反应的活化能，R为摩尔气体常数，T为热力学温度。测出不同温度时的k值，以$\lg k$—$\frac{1}{T}$作图，可得一直线，由直线斜率（等于$-\frac{E_a}{2.30R}$）可求得反应的活化能E_a。将数据填入表6－9。

表6－9　反应活化能的计算

实验编号	Ⅵ	Ⅶ	Ⅳ
反应速率常数k			
$\lg k$			
$\frac{1}{T}$			
反应活化能E_a			

本实验活化能测定值的误差不超过10%（文献值：51.8 kJ·mol^{-1}）。

利用表6－7数据，说明温度对反应速率的影响。

根据实验步骤3的实验数据说明催化剂对反应速率的影响。

六、实验注意事项

（1）本实验对试剂有一定的要求。碘化钾溶液应为无色透明溶液，不宜使用有碘析出的浅黄色溶液。过二硫酸铵溶液要新配制的，因为过二硫酸铵易分解。如所配制过二硫酸铵溶液的 pH 小于 3，说明该试剂已有分解，不适合本实验使用。所用试剂中如混有少量 Cu^{2+}、Fe^{3+} 等杂质，对反应会有催化作用，必要时需滴入几滴 0.10 mol · L^{-1}EDTA 溶液。

（2）在做温度对化学反应速率影响的实验时，如室温低于 10 ℃，可将温度条件改为室温、高于室温 10 ℃、高于室温 20 ℃三种情况进行。

七、思考与讨论

（1）本实验中，先将除了$(NH_4)_2S_2O_8$溶液以外的其他溶液混合均匀后，最后加入反应物（$(NH_4)_2S_2O_8$），能否将（$(NH_4)_2S_2O_8$）等溶液混合均匀后，最后加反应物 KI 溶液？

（2）为什么在实验Ⅱ、Ⅲ、Ⅳ、Ⅴ中，分别加入 KNO_3 或（$(NH_4)_2SO_4$）溶液？

（3）在向 KI、淀粉和 $Na_2S_2O_3$ 混合溶液中加入（$(NH_4)_2S_2O_8$）时，速度越快越好，为什么？若（$(NH_4)_2S_2O_8$）慢慢加入，会对实验产生怎样影响？

实验六　气体密度法测定二氧化碳相对分子质量

一、实验目的

（1）练习启普发生器的使用和气体的收集及分析天平的使用。

（2）了解气体密度法测定气体分子量的原理和方法。

二、实验原理

根据阿伏加德罗定律，同温度和同压力下同体积的各种气体都含有相同数目的分子。因此，在同温同压下，两种同体积的不同气体的质量之比等于它们的相对分子质量之比：

$$\frac{m_1}{m_2} = \frac{M_{r_1}}{M_{r_2}} \tag{1}$$

这样，只要在同温同压下，测得一定体积的已知相对分子质量（M_{r_1}）的气体的质量（m_1）又测得同体积的待测气体的质量（m_2）便可求出待测气体的相对分子质量（M_{r_2}）。

本实验是同温度同压力下，分别测定同体积的二氧化碳和空气（平均相对分子质量为 29.0）的质量，由下式计算二氧化碳的相对分子质量：

$$M_r(co_2) = \frac{m_{co_2}}{m_{空气}} \times 29.0 \tag{2}$$

式中二氧化碳的质量 m_{co_2} 的质量是由两次称量求得：

第一次称量充满空气的容器的质量为：

$$G_1 = 容器质量 + m_{空气} \tag{3}$$

第二次称量充满二氧化碳的容器的质量为：

$$G_2 = 容器质量 + m_{co_2} \tag{4}$$

由（4）－（3）式得：

$$m_{co_2} = (G_2 - G_1) + m_{空气} \tag{5}$$

（5）式中的空气质量可用理想状态方程式求算：

$$m_{空气}=\frac{29.0pV}{RT} \tag{6}$$

式中的 p 和 T 分别为实验时的大气压力（kPa）和绝对温度。R 为气体常数。V 为容器的体积，它由下面的称量求得。

假定在同温同压下称量充满水的容器的质量为：

$$G_3=容器质量+m_{水} \tag{7}$$

由（7）－（3）式得

$$G_3-G_1=m_{水}-m_{空气}\approx m_{水} \tag{8}$$

因此

$$V=\frac{m_{水}}{d}\approx\frac{G_3-G_1}{d} \tag{9}$$

式中的 d 为水的密度（1.00 g/mL）。

由（9）式计算出 V 后，根据上述有关公式，可计算出二氧化碳的相对分子质量。

三、实验用品

试剂：大理石，浓盐酸（工业），浓 H_2SO_4（工业）。

仪器：启普发生器，洗气瓶，胶塞。

四、实验步骤

1. 充满空气的瓶和塞子的称量

取一个干燥的锥形瓶，用一个合适的胶塞塞住瓶口，在胶塞上做一记号，以固定胶塞塞入瓶口的位置。然后在分析天平上称得质量 G_1。

2. 充满二氧化碳的瓶和塞子的称量

从启普发生器出来的 CO_2，经过净化和干燥后（图6－2）导入锥形瓶底部。待 CO_2 充满瓶后，缓慢取出导气管，用胶塞塞入瓶口至原记号位置，进行称量。再重复收集充满二氧化碳的操作，直到前后两次的称量只相差 1 ~ 2 mg 为止，记下 G_2。

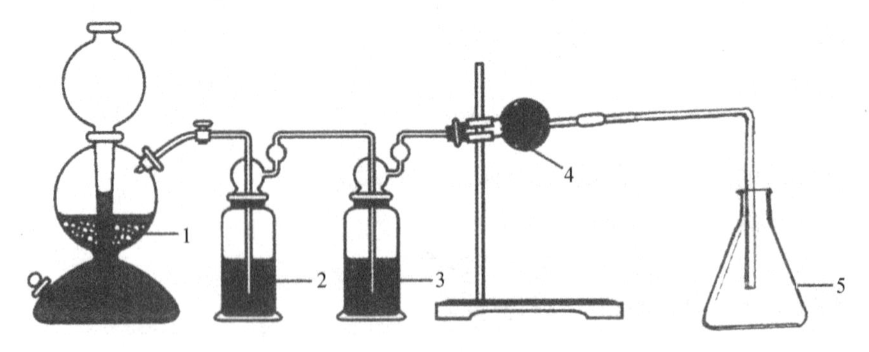

图6－2　CO_2 的制取

1—石灰石＋稀盐酸；2—$CuSO_4$；3—$NaHCO_3$ 溶液；4—无水 Cd_2；5—锥形瓶

3. 充满水的瓶和塞子的称量

往锥形瓶内加满水，塞好塞子（注意位置!）称得质量 G_3。记下实验时的温度 T 和大气压力 p(kPa)。

五、数据记录和结果处理

（1）以表格形式列出实验数据，见表 6－10。

表 6－10 气体密度法测定二氧化碳相对分子质量

序 号	1	2
G_1(瓶＋塞＋空气)/g		
G_2(瓶＋塞＋CO_2)/g		
G_3(瓶＋塞＋水)/g		
$m_{水}(G_3-G_1)$/g		
$V(m_{水}/1.00)$/mL		
$m_{空气}\left(\frac{29.0pV}{RT}\right)$/g		
$[m_{CO_2}=(G_2-G_1)+m_{空气}]$/g		
CO_2分子量		
分子量平均值		

室温： 压力：

（2）计算实验结果的百分误差。

（3）分析产生误差的主要原因。

六、注意事项

（1）保证锥形瓶的洁净和干燥。

（2）通 CO_2气体时，导管一定要伸入锥形瓶底，保证 CO_2气体充满锥形瓶，抽出时应缓慢向上移动，并在管口处停留片刻。检验气体是否充满时，火柴应放在管口处。

（3）每次塞子塞入瓶口的位置相同。

七、思考与讨论

（1）用大理石与盐酸反应制得的二氧化碳气体可能有哪些杂质？应如何去除？

（2）充满空气或二氧化碳的容器的质量，为什么要在电子分析天平上称量，而充满水的容器的质量却可以在电子天平上称量？

实验七 溶液配制和滴定基本操作练习

一、目的要求

（1）了解酸碱标准溶液的配制方法。

（2）初步掌握滴定操作技术。

（3）学会正确判断滴定终点。

二、实验原理

酸碱滴定中常用稀 HCl、NaOH 溶液作标准溶液，由于浓 HCl 易挥发，固体 NaOH 易吸收空气中水分和二氧化碳，故 HCl、NaOH 标准溶液一般采用间接法配制。

0.1 $mol \cdot L^{-1}$HCl 和 0.1 $mol \cdot L^{-1}$NaOH 溶液的相互滴定，突跃范围 pH 为 4～10，在这一范围中可采用甲基橙（变色范围 pH 3.1～4.4）、甲基红（变色范围 pH 4.4～6.2）、酚酞（变色范围 pH 8.0～10.0）等指示剂来指示滴定终点。

HCl 和 NaOH 相互滴定时，当 HCl 和 NaOH 的浓度一定时，其体积之比是定值，因此，改变被滴定液的体积，滴定终点时，滴定剂与被滴定液的体积之比应该是恒定值，借此，可以检验滴定操作技术及终点的判断是否准确。

三、实验用品

仪器：电子天平，100 mL 烧杯，250 mL 试剂瓶 2 个，量筒，酸式滴定管，碱式滴定管，250 mL 锥形瓶，洗瓶。

试剂：NaOH 固体，1:1HCl，2 $g \cdot L^{-1}$酚酞溶液，2 $g \cdot L^{-1}$甲基红溶液。

四、实验内容

1. 0.1 $mol \cdot L^{-1}$NaOH 溶液的配制

在电子天平上称取 1 g 固体 NaOH，置于 250 mL 烧杯中，加入约 100 mL 蒸馏水，使 NaOH 全部溶解，稍冷后转入盛有约 400 mL 蒸馏水的试剂瓶中，用橡皮塞塞好，充分摇匀。贴上标签。

2. 0.1 $mol \cdot L^{-1}$HCl 溶液的配制

用洁净的量筒量取 4～5 mL1:1HCl，倒入盛有约 250 mL 蒸馏水的试剂瓶中，盖上玻璃塞，充分摇匀，贴上标签。

3. 准备滴定管

具体做法见教材 3.5.3。

4. 比较滴定

将配制好的 0.1 $mol \cdot L^{-1}$ HCl 溶液和 0.1 $mol \cdot L^{-1}$NaOH 溶液分别装入酸式和碱式滴定

管中，排去气泡，调整液面在0.00～1.00 mL刻度处。

1）酸滴定碱

（1）练习：从碱式滴定管中放出20 mL左右的NaOH标准溶液于250 mL锥形瓶中，加入2滴甲基红指示剂，摇匀，此时溶液呈黄色。用0.1 mol·L^{-1}HCl溶液滴定，边滴定边不停地旋摇锥形瓶，使之充分反应，并注意观察溶液的颜色变化。刚开始滴定时速度可稍快些，在近计量点时，速度应减慢，要一滴一滴地加入，甚至半滴半滴加入。当滴入的HCl溶液使溶液的颜色突然由黄色变为橙色，指示滴定终点已到。然后滴入几滴NaOH溶液，溶液呈黄色，再用HCl溶液滴定至橙色，反复练习，至掌握滴定操作和终点的观察。

（2）正式滴定：取一洁净的250 mL锥形瓶，准确加入20 mLNaOH溶液，加入2～3滴甲基红指示剂，用HCl溶液滴定至溶液刚好由黄色变为橙色即为滴定终点，准确记录所消耗的HCl溶液体积。平行滴定三份。求酸碱溶液的体积比V_{HCl}/V_{NaOH}。要求相对平均偏差≤0.2%。

2）碱滴定酸

（1）练习：从酸式滴定管中放出约20 mL左右的HCl标准溶液于锥形瓶中，加2滴酚酞指示剂，摇匀，溶液无色。用0.1 mol·L^{-1}NaOH溶液滴定至微红色，即为终点。再加入少量的HCl溶液至溶液由微红变为无色，再用NaOH溶液滴定至溶液变为微红色。如此反复练习，掌握滴定操作和终点的观察。

（2）正式滴定：取一洁净250 mL锥形瓶，加入20 mL HCl溶液，加2滴酚酞指示剂，用NaOH溶液滴定至溶液呈微红色约30 s不褪色即为滴定终点。准确记录所消耗的NaOH溶液体积。平行滴定三份。求酸碱溶液的体积比V_{HCl}/V_{NaOH}。要求相对平均偏差≤0.2%。

五、数据记录与结果处理

数据记录于表6－1及表6－2。

表6－1 HCl溶液滴定NaOH溶液（指示剂：甲基红）

滴定序号		1	2	3
V_{NaOH}/mL	初读数			
	终读数			
	V			
V_{HCl}/mL	初读数			
	终读数			
	V			
V_{HCl}/V_{NaOH}				
$\overline{V_{HCl}/V_{NaOH}}$				
相对平均偏差$R\bar{d}$/%				

表 6-12　NaOH 溶液滴定 HCl 溶液（指示剂：酚酞）

滴定序号		1	2	3
V_{HCl}/mL	初读数			
	终读数			
	V			
V_{NaOH}/mL	初读数			
	终读数			
	V			
V_{HCl}/V_{NaOH}				
$\overline{V_{HCl}/V_{NaOH}}$				
$R\bar{d}$/%				

六、注意事项

（1）强酸强碱在使用时要注意安全。强调 HCl 和 NaOH 溶液的配制方法永远是将相对较浓的 NaOH 和 HCl 溶液倒入水中，尤其不能将水倒入酸中！NaOH 和 HCl 溶液稀释后一定要摇匀；试剂瓶磨口处不能沾有浓溶液！

（2）在滴定过程中，滴定液有可能溅到锥形瓶内壁上，因此，快到终点时，应该用洗瓶吹出少量的蒸馏水冲洗锥形瓶内壁，以减少误差。

七、思考与讨论

（1）配制 NaOH 溶液时，应该选择何种天平称取试剂？为什么？

（2）如何用浓盐酸（密度 1.19，w=38%）配制 500 mL0.1 $mol \cdot L^{-1}$ HCl?

（3）在滴定分析中，滴定管为何要用滴定剂润洗几次？滴定中的锥形瓶是否也要用滴定剂润洗呢？为什么？

实验八　醋酸解离度和解离平衡常数的测定

一、实验目的

（1）测定醋酸的解离度和解离平衡常数。

（2）进一步掌握滴定的基本原理、滴定操作及滴定终点的判断。

（3）学习移液管的基本操作。

（4）学习 PB—10 型酸度计的使用方法。

二、实验原理

醋酸是弱电解质，在水溶液中存在下列电离平衡：

$$HAc \rightleftharpoons Ac^- + H^+$$

其解离平衡常数的表达式为：

$$K_a = \frac{c_{H^+} c_{Ac^-}}{c_{HAc}} \tag{1}$$

$$\alpha = \frac{c_{H^+}}{c_{HAc}} \times 100\% \tag{2}$$

c_{HAc}为 HAc 的起始浓度，平衡时 $c_{H^+}=c_{Ac^-}$ 代入（1）

$$K_\alpha = \frac{c_{H^+}^2}{c_{HAc} - c_{H^+}}$$

当

$$a < 5\%, K_\alpha = \frac{c_{H^+}^2}{c_{HAc}} \tag{3}$$

在一定温度下，用酸度计测定已知浓度 HAc 的 pH 值，换算为 c_{H^+}代入（2）（3），即得 K_α和 α。

三、实验用品

试剂： 0.1 mol · L^{-1} HAc，0.1 mol · L^{-1} NaOH（已标定），酚酞溶液。

仪器： 酸度计碱式滴定管，10 mL 吸量管，25 mL 移液管，250 mL 锥型瓶，烧杯（50 mL）。

四、实验步骤

1. HAc 浓度的标定

用移液管移取 25.00 mL 0.1 mol · L^{-1}HAc 溶液放入 250 mL 锥形瓶中，加入 2 ~ 3 滴酚酞指示剂，用标准 NaOH 溶液滴定至微红色 30 s 不褪色为止。记下用去标准 NaOH 溶液的体积，平行滴定三次。数据填入表 6 - 13。

2. 配制不同浓度的醋酸溶液

用移液管和吸量管分别取 25.00 mL、5.00 mL、2.50 mL 0.1 mol · L^{-1}HAc 溶液，分别移入三个 50 mL 容量瓶中，用蒸馏水稀释至刻度，摇匀。计算三个容量瓶中 HAc 溶液的准确浓度。

3. HAc 溶液 pH 的测定

把以上四种不同浓度的 HAc 溶液分别加入到四只干燥的 50 mL 烧杯中，依次在 pH 计上分别测定它们的 pH 值，记录数据和室温。将有关数据填入表 6 - 14。

五、数据记录与结果处

1. 0.1 mol · L^{-1}HAc 溶液浓度的标定

HAc 溶液浓度的测定见表 6 - 13。

表 6-13　HAc 溶液浓度标定

滴定序号		1	2	3
NaOH 溶液浓度/（mol·L^{-1}）				
NaOH 溶液体积/mL	初读数			
	终读数			
	V			
HAc 溶液的浓度/（mol·L^{-1}）	测定值			
	平均值			

2. 计算解离度和解离平衡常数

HAc 溶液 pH 的测定及 K_α 和 α 计算。

表 6-14　HAc 溶液 pH 的测定及 K_α 和 α 计算　　温度

编号	c_{HAc}/（mol·L^{-1}）	pH	c_{H^+}/（mol·L^{-1}）	α	K_α	
					测定值	平均值
1						
2						
3						
4						

六、注意事项

（1）测定各溶液 pH 值，由浓度从稀到浓测定。

（2）正确表示表 6-14 中各 HAc 的浓度。

七、思考与讨论

（1）改变所测 HAc 溶液浓度或温度，解离度和解离常数有无变化？

（2）在测定不同浓度的醋酸溶液 pH 值时，测定的顺序为什么要由稀到浓？

（3）下列情况能否用（3）式求解离平衡常数：

①所测 HAc 溶液浓度极稀；

②在 HAc 溶液中加入一定量的 NaAc 固体；

③在 HAc 溶液中加入一定量的 NaCl 固体。

实验九　化学平衡及移动

一、实验目的

（1）探讨影响化学平衡的因素。

（2）学习配制缓冲溶液进一步理解其性质。

（3）掌握溶度积的概念及应用。

（4）加深对同离子效应的理解。

二、实验原理

（1）根据平衡移动的原理，如果改变溶液中某个离子的浓度，会使原来的平衡发生移动。

（2）缓冲溶液当外加少量酸、碱或稀释，溶液的 pH 值保持基本不变。缓冲溶液的 pH 值计算公式为：

$$pH = pK_a^{\ominus} - \lg \frac{c_a}{c_b}$$

c_a、c_b分别为缓冲溶液组成中酸和其共轭碱的浓度。根据上式，可以配制出不同 pH 值的缓冲溶液。

三、实验用品

仪器：9 孔井穴板，酒精灯，玻棒，牛角匙，量筒，洗瓶，小烧杯，试管，试管夹，离心试管，电动离心机。

试剂：（0.1 mol·L^{-1}、2 mol·L^{-1}、6 mol·L^{-1}、12 mol·L^{-1}）HCl，1:1H_2SO_4，0.1 mol·L^{-1}HAc，（0.1 mol·L^{-1}、2 mol·L^{-1}）NaOH，（0.1 mol·L^{-1}、2 mol·L^{-1}、6 mol·L^{-1}）$NH_3 \cdot H_2O$，（固体、1 mol·L^{-1}）NH_4Cl，0.1 mol·$L^{-1}$$AgNO_3$，0.1 mol·$L^{-1}$$K_2CrO_4$，0.1 mol·$L^{-1}$$MgCl_2$；NaAc（固体、0.1 mol·$L^{-1}$），0.1 mol·$L^{-1}$NaCl，0.1 mol·$L^{-1}$$Na_2S$，饱和 Na_2CO_3溶液，饱和 $PbCl_2$溶液，0.1 mol·$L^{-1}$$Pb(NO_3)_2$，0.1 mol·$L^{-1}$$Zn(NO_3)_2$，0.1 mol·$L^{-1}$ KSCN，0.1 mol·$L^{-1}$$CuSO_4$，95% C_2H_5OH，0.1 mol·$L^{-1}$$K_3[Fe(CN)_6]$，0.1 mol·$L^{-1}$$FeCl_3$，0.1 mol·$L^{-1}$ NH_4SCN，0.5 mol·L^{-1} $Fe(NO_3)_3$，4 mol·$L^{-1}$$NH_4F$，0.5 mol·$L^{-1}$$Na_2CO_3$，0.1 mol·$L^{-1}$NaCl，0.1 mol·$L^{-1}$KBr，饱和 $(NH_4)_2C_2O_4$溶液，0.1 mol·L^{-1} KI，CCl_4，0.1 mol·$L^{-1}$$Na_2S$ ，0.5 mol·$L^{-1}$$Na_2SO_3$，饱和 $Na_2S_2O_3$溶液，甲基橙溶液。

四、实验步骤

1. 同离子效应

（1）于井穴板的干燥孔中，加入几滴 0.1 mol·L^{-1} HAc 溶液，再加一滴甲基橙，观察颜色，然后加少量 NaAc 固体，比较颜色变化，说明原因。

（2）于井穴板内的干燥孔中，加 1 mL 0.1 mol·dm^{-3} $NH_3 \cdot H_2O$ 和一滴酚酞指示剂，观察颜色，然后滴加 2 滴 1 mol·$L^{-1}$$NH_4Ac$ 溶液，观察颜色变化并记录现象。解释其原因。

（3）于井穴板的干燥孔中加几滴饱和 $PbCl_2$溶液，然后再加入 1～2 滴浓 HCl，观察现象，说明原因。

2. 缓冲溶液的配制和性质

（1）用 0.1 mol·L^{-1}HAc 和 0.1 mol·L^{-1}NaAc 溶液配制 pH＝4.1 的缓冲溶液 10 mL，

用 pH 试纸检验所配溶液 pH 值（保留该缓冲溶液做下面实验）。

（2）将（1）配制的缓冲溶液分三份装入井穴板的三个孔中，分别加 0.1 $mol \cdot L^{-1}$ HCl、0.1 $mol \cdot L^{-1}$ NaOH 溶液各 1 滴及 10 滴去离子水搅拌，用精密 pH 试纸检验各溶液 pH 值。然后将上述的缓冲液换成同样体积的去离子水，再各加 1 滴 0.1 $mol \cdot L^{-1}$ HCl、0.1 $mol \cdot L^{-1}$ NaOH、10 滴去离子水，用精密 pH 试纸检验，比较 pH 值的变化，解释原因。

3. 溶度积规则的应用

1）沉淀的生成和溶解

（1）于井穴板一孔中，加入 3 滴 0.1 $mol \cdot L^{-1}$ $AgNO_3$溶液和 2 滴 0.1 $mol \cdot L^{-1}$ K_2CrO_4溶液观察现象，写出反应方程式。用 0.1 $mol \cdot L^{-1}$ $Pb(NO_3)_2$溶液代替 $AgNO_3$溶液，同上操作，观察现象。用溶度积规则解释。

（2）于井穴板一孔中，加入 0.10 $mol \cdot L^{-1}$ $MgCl_2$ 2 滴，逐滴加入 2 $mol \cdot L^{-1}$ $NH_3 \cdot H_2O$，至生成沉淀，接着逐滴加入 1 $mol \cdot L^{-1}$ NH_4Cl，至沉淀溶解，解释上述现象。

（3）同上取 0.1 $mol \cdot L^{-1}$ $Zn(NO_3)_2$ 5 滴，加 1 滴 0.1 $mol \cdot L^{-1}$ Na_2S，观察沉淀的生成和颜色，再滴加 2 $mol \cdot L^{-1}$ HCl 数滴，观察沉淀是否溶解，试解释现象。

2）分步沉淀

取 1 滴 0.1 $mol \cdot L^{-1}$ $AgNO_3$和 1 滴 0.1 $mol \cdot L^{-1}$ $Pb(NO_3)_2$于试管中，加 3 mL 去离子水稀释，摇匀，然后逐滴加 0.1 $mol \cdot L^{-1}$ K_2CrO_4，并不断搅拌，观察沉淀的颜色。继续滴加 K_2CrO_4溶液，沉淀颜色有何变化？判断沉淀生成的先后次序并解释之。

3）沉淀转化

（1）取 2 滴 0.1 $mol \cdot L^{-1}$ $AgNO_3$于试管中，加 5 滴 0.1 $mol \cdot L^{-1}$ K_2CrO_4，搅拌，观察沉淀的颜色。再加 0.1 $mol \cdot L^{-1}$ NaCl 5 滴，搅拌，观察沉淀的颜色变化，写出反应方程式，解释现象。

（2）取 3 滴 0.1 $mol \cdot L^{-1}$ $Zn(NO_3)_2$溶液于试管中，加 0.1 $mol \cdot L^{-1}$ Na_2S，观察沉淀的生成，然后逐滴加 0.1 $mol \cdot L^{-1}$ $CuSO_4$溶液，并搅拌，观察沉淀颜色的变化，写出反应方程式，解释转化原因。

4. 配合物的性质

1）配合物的生成

（1）$[Cu(NH_3)_4]^{2+}$配离子的生成。于井穴板一孔中，加入 3 滴 0.1 $mol \cdot L^{-1}$ $CuSO_4$溶液，然后加入 1 滴 6 $mol \cdot L^{-1}$ $NH_3 \cdot H_2O$，观察现象，记录生成沉淀颜色，继续加入 6 $mol \cdot L^{-1}$ $NH_3 \cdot H_2O$ 直至生成的沉淀消失；观察溶液呈现的颜色，写出反应式。最后加入 2 mL 95% C_2H_5OH，静置，观察深蓝色晶体析出。

（2）$[Fe(SCN)_6]^{3-}$配离子的生成。于井穴板一孔中，加入 2 滴 0.1 $mol \cdot L^{-1}$ $FeCl_3$溶液，然后逐滴加入 0.1 $mol \cdot L^{-1}$ KSCN 溶液，注意观察沉淀的颜色并与溶液比较。

2）配位平衡的移动

（1）配位平衡与酸碱平衡。取一支试管，加入 2 mL 0.1 mol · L^{-1} $FeCl_3$，然后滴加 4 mol · L^{-1} NH_4F 至刚呈无色，将此溶液分成两份，在一份中滴加 2 mol · L^{-1} NaOH，在另一份中滴加 1:1H_2SO_4，观察现象，写出反应式并加以解释。

（2）配位平衡与氧化还原平衡。取两支试管，分别加入 5 滴 0.1 mol · L^{-1}的 $FeCl_3$、$K_3[Fe(CN)_6]$，再往试管中各加入 5 滴 0.1 mol · L^{-1} KI 和 0.5 mL CCl_4，振荡后观察 CCl_4 层的颜色；比较两试管甲的现象，解释，写出有关反应式。

（3）配位平衡与沉淀平衡。在 1 支试管中，加入 5 滴 0.1 mol · L^{-1} $AgNO_3$，然后依次进行下列实验，写出每一步骤的反应式。

① 加入 1 滴 0.1 mol · L^{-1} NaCl 生成沉淀。

② 滴加 6 mol · L^{-1}氨水至沉淀刚溶解。

③ 加入 1 滴 0.1 mol · L^{-1} KBr 生成沉淀。

④ 滴加 0.5 mol · L^{-1} $Na_2S_2O_3$，边滴边摇荡至沉淀刚溶解。

⑤ 加入 1 滴 0.1 mol · L^{-1}KI 生成沉淀。

注意每步加入的试剂量为刚生成沉淀或沉淀刚溶解即可。若溶液量太大，可倾去部分继续试验。

（4）配离子之间的转化。

往一支试管加入 5 滴 0.5 mol · L^{-1} $Fe(NO_3)_3$溶液，然后加入 3 滴 6mol · L^{-1} HCl，振荡，观察溶液颜色变化，写出反应式。用同样的方法，依次加入 0.1 mol · L^{-1} NH_4SCN，加入 4 mol · L^{-1} NH_4F 溶液，加入饱和 $(NH_4)_2C_2O_4$溶液至溶液颜色发生明显变化。说明配离子之间转化的条件，写出各反应式。

五、思考与讨论

（1）缓冲溶液的缓冲能力与哪些因素有关?

（2）沉淀氢氧化物是否都要在碱性条件下进行?

（3）配离子是如何形成的? 它与简单离子有何区别? 配合物与复盐有何区别? 如何证明?

4. 为什么 $FeCl_3$能与 KI 反应生成 I_2，而 $K_3[Fe(CN)_6]$ 则不能?

实验十　氧化还原反应和氧化还原平衡

一、实验目的

（1）掌握原电池的概念及电极电势对氧化还原反应的影响。

（2）了解溶液的浓度、介质的酸度等因素对电极电势、氧化还原反应的方向、产物、速率的影响。

二、实验原理

氧化—还原反应是有电子转移或电子偏移的反应，用电对的电极电势 φ（氧化态/还原态）值表示氧化态物质氧化能力和还原态物质还原能力的强弱，φ（氧化态/还原态）值大，电对中氧化态物质氧化能力强，φ（氧化态/还原态）值小，电对中还原态物质还原能力强。将氧化还原反应设计成原电池，根据正、负极电极电势 φ 值的大小，可以判断反应进行的方向。φ（正）$-\varphi$（负）>0，反应正向进行，反之，逆向进行。电极电势的大小与温度、氧化剂、还原剂浓度、溶液介质条件有关。

三、实验用品

试剂：琼脂，氟化铵，浓 HCl，2 $mol \cdot L^{-1}$ HNO_3，6 $mol \cdot L^{-1}$ HAc，1 $mol \cdot L^{-1}$ H_2SO_4，（6 $mol \cdot L^{-1}$，1 $mol \cdot L^{-1}$，40%）NaOH，（浓，稀）$NH_3 \cdot H_2O$ 1 $mol \cdot L^{-1}$ $ZnSO_4$，0. 01 $mol \cdot L^{-1}$ $CuSO_4$，0. 1 $mol \cdot L^{-1}$ KI，0. 1 $mol \cdot L^{-1}$ KBr，0. 1 $mol \cdot L^{-1}$ $FeCl_3$，0. 1 $mol \cdot L^{-1}$ $Fe_2(SO_4)_3$，1 $mol \cdot L^{-1}$ $FeSO_4$，3% H_2O_2，0. 1 $mol \cdot L^{-1}$ KIO_3，溴水，0. 1 $mol \cdot L^{-1}$ 碘水，饱和 KCl，CCl_4 酚酞指示剂，0. 4% 淀粉溶液，红色石蕊试纸或酚酞试纸。

仪器：试管（离心，10 mL），烧杯（100 mL、250 mL），伏特计（或酸度计），表面皿，U 形管，电极（锌片、铜片），导线，砂纸。

四、实验步骤

1. 氧化还原反应和电极电势

（1）在试管中加入 0. 5 mL 0. 1 $mol \cdot L^{-1}$ KI 溶液和 0. 5 mL CCl_4 再加 2 滴 0. 1 $mol \cdot L^{-1}$ $FeCl_3$ 溶液，充分振荡，观察 CCl_4 层颜色有无变化。

（2）用 0. 1 $mol \cdot L^{-1}$ KBr 溶液代替 KI 溶液进行同样的实验，观察现象。

（3）往两支试管中分别加入 3 滴碘水、溴水，然后加入约 0. 1 $mol \cdot L^{-1}$ $FeSO_4$ 0. 5 mL，摇匀后，注入 0. 5 mLCCl_4，充分振荡，观察 CCl_4 层颜色又无变化。

根据以上实验结果，定性地比较 Br_2/Br^-、I_2/I^- 和 Fe^{3+}/Fe^{2+} 三个电对的电极电势。

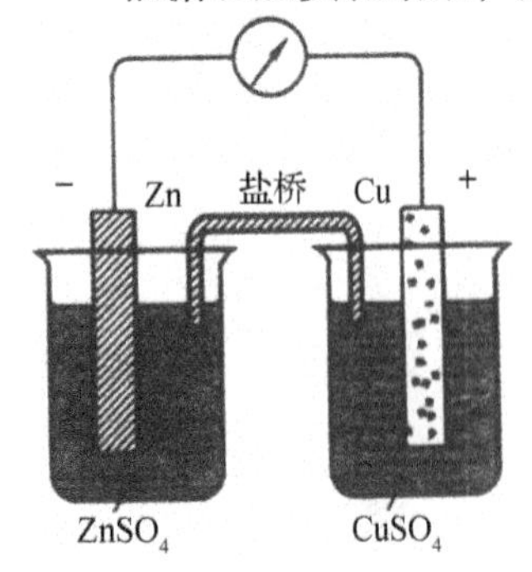

图 6 - 3　原电池示意图

2. 浓度对电极电势的影响

（1）往一只小烧杯中加入约 30 mL 1 $mol \cdot L_{-1}$ $ZnSO_4$ 溶液，在其中插入锌片；往另外一个小烧杯中加入约 30 mL 1 $mol \cdot L^{-1}$ $CuSO_4$ 溶液，在其中插入铜片。用盐桥将二烧杯相连，组成一个原电池。用导线将锌片和铜片分别与伏特计（或酸度计）的负极和正极相连，测量两极之间的电压（图 6 - 3）。

（2）在 $CuSO_4$ 溶液中注入浓氨水至生成的沉淀溶解为止，形成深蓝色的溶液。

（3）测量电压，观察有何变化。再于$ZnSO_4$溶液中注入氨水至生成的沉淀溶解为止，再次测量电压，观察又有何变化。利用能斯特方程来解释实验现象。

3. 酸度和浓度对氧化还原反应的影响

1）酸度的影响

（1）在3支均盛有0.5 mL 0.1 $mol \cdot L^{-1}$ Na_2SO_3溶液的试管中，分别加入0.5 mL1 $mol \cdot L^{-1}$ H_2SO_4溶液及0.5 mL蒸馏水和0.5 mL 6 $mol \cdot L^{-1}$ NaOH溶液，混合均匀后，再各滴入2滴0.01 $mol \cdot L^{-1}$ $KMnO_4$溶液，观察颜色的变化有何不同，写出反应方程式。

（2）在试管中加入0.5 mL 0.1 $mol \cdot L^{-1}$ KI溶液和2滴0.1 $mol \cdot L^{-1}$ KIO_3溶液，再加几滴淀粉溶液，混合后观察溶液颜色有无变化。然后加2～3滴1 $mol \cdot L^{-1}$ H_2SO_4溶液酸化混合溶液，观察有什么变化，最后滴加2～3滴6 $mol \cdot L^{-1}$ NaOH使混合溶液显碱性，又有什么变化。写出有关化学反应方程式。

2）浓度对氧化还原反应的影响

（1）往盛有H_2O、CCl_4和0.1 $mol \cdot L^{-1}$ $Fe_2(SO_4)_3$各0.5 mL的试管中，加入0.5 mL 0.1 $mol \cdot L^{-1}$ KI溶液，振荡后观察CCl_4层的颜色。

（2）往盛有CCl_4、1 $mol \cdot L^{-1}$ $FeSO_4$和0.1 $mol \cdot L^{-1}$ $Fe_2(SO_4)_3$各0.5 mL的试管中，加入0.5 mL 0.1$mol \cdot L^{-1}$ KI溶液，振荡后观察CCl_4层的颜色。与上一实验中CCl_4层颜色有何区别?

（3）在实验（1）的试管中，加入少许NH_4F固体，振荡，观察CCl_4层颜色的变化。

说明浓度对氧化还原反应的影响。

4. 酸度对氧化还原反应速率的影响

在两支各盛0.5 mL 0.1 $mol \cdot L^{-1}$ KBr溶液的试管中，分别加入0.5 mL 1 $mol \cdot L^{-1}$ H_2SO_4和3 $mol \cdot L^{-1}$ H_2SO_4溶液，然后各加入2滴0.01 $mol \cdot L^{-1}$ $KMnO_4$溶液，观察两支试管中紫色褪去的速度。分别写出有关的化学反应方程式。

5. 氧化数居中的物质氧化还原性

（1）在试管中加入0.5 mL 0.1 $mol \cdot L^{-1}$ KI溶液和2～3滴1 $mol \cdot L^{-1}$ H_2SO_4溶液，再加入1～2滴3% H_2O_2，观察试管中溶液颜色的变化。写出有关的化学反应方程式。

（2）在试管中加入2滴0.01 $mol \cdot L^{-1}$ $KMnO_4$溶液，再加入3滴1 $mol \cdot L^{-1}$ H_2SO_4溶液，摇匀后滴加2滴3% H_2O_2，观察溶液颜色的变化。写出有关的化学反应方程式。

五、思考与讨论

（1）从实验结果讨论氧化还原反应和哪些因素有关。

（2）介质对$KMnO_4$的氧化性有何影响？用本实验事实及电极电势予以说明。

（3）什么叫浓差电池?

实验十一　p区非金属元素（一）（卤素、氧、硫）

一、实验目的

（1）了解卤素氧化性和卤素离子还原性强弱的变化规律。

（2）掌握次氯酸盐、氯酸盐强氧化性的区别。

（3）掌握过氧化氢的某些重要性质。

（4）掌握不同氧化态硫的化合物的重要性质。

二、实验原理

卤素单质有很强的氧化性，其离子（除 F^- 外）有较强的还原性。单质的氧化性、离子的还原性的强弱，取决于电对的电极电势。电对的电极电势值越大，其氧化剂的氧化能力就越大，其还原剂的还原能力越强。

氧化还原反应进行的方向，取决于原电池的电动势，当电动势值大于零时，反应向正方向进行，当小于零时，反应逆向进行。电动势的大小取决于电极电势，电极电势大小除了与电对本身有关外，还受外界因素如浓度、酸度、温度的影响。

卤素元素可以形成一系列的不同氧化态的含氧酸（盐），其氧化性的大小，一般随着氧化数的升高而降低。

氧化数处于中间价态的物质（如 H_2O_2）既具有氧化性，又具有还原性。表现为氧化性还是还原性取决于反应的对象，当对象具有强氧化性时，在反应中其表现为还原性，当对象具有强的还原性时，其表现为氧化性。

H_2O_2的鉴定，是利用与 $K_2Cr_2O_7$的特征反应。

硫元素也可呈现不同氧化态的化合物。硫化物因阳离子的不同，表现出不同的溶解性，其本质是离子间的极化作用的不同。

亚硫酸钠中的硫元素具有中间价态，但一般表现为还原性质。

硫代硫酸钠也表现为以还原性为主，其氧化产物与氧化剂的氧化能力大小有关。硫代硫酸钠还是一种很好的配合剂。硫代硫酸根的鉴定，是利用与 $AgNO_3$的一个特征反应。

过二硫酸盐中的硫元素具有最高价态，在反应时只能表现出氧化性。

三、实验用品

试剂： NaCl（s），KI（s），KBr（s），MnO_2（s），$K_2S_2O_8$（s），浓 HNO_3（浓，1 $mol \cdot L^{-1}$，3 $mol \cdot L^{-1}$），（浓，2 $mol \cdot L^{-1}$）H_2SO_4，HCl，3% H_2O_2，2 $mol \cdot L^{-1}$ NaOH，浓 $NH_3 \cdot H_2O$，0.1 $mol \cdot L^{-1}$ KI，0.1 $mol \cdot L^{-1}$ KBr，0.2 $mol \cdot L^{-1}$ $KMnO_4$，（0.2 $mol \cdot L^{-1}$，0.002 $mol \cdot L^{-1}$）$MnSO_4$，0.5 $mol \cdot L^{-1}$ $K_2Cr_2O_7$，0.1 $mol \cdot L^{-1}$ Na_2S，0.2 $mol \cdot L^{-1}$ $Na_2S_2O_3$，0.5 $mol \cdot L^{-1}$ Na_2SO_3，0.2 $mol \cdot L^{-1}$ $CuSO_4$，0.2 $mol \cdot L^{-1}$ Pb（NO_3）$_2$，0.1

$mol \cdot L^{-1} AgNO_3$，0.1 $mol \cdot L^{-1}$ 硫代乙酰胺，氯饱和水，溴水，碘水，NaClO 溶液，饱和 $KClO_3$，四氯化碳，乙醚，品红。

仪器：离心机，试管，离心试管。

四、实验步骤

1. 卤素氧化性和卤素离子还原性

1）卤素氧化性的比较

（1）氯与溴的氧化性比较：在盛有 1 mL 0.1 $mol \cdot L^{-1}$ KBr 溶液的试管中，逐滴加入饱和的氯水，振荡，有何现象？再加入 0.5 mL CCl_4 充分振荡，有何现象？氯和溴的氧化性哪个较强？

（2）溴与碘的氧化性比较：盛有 1 mL 0.1 $mol \cdot L^{-1}$ KI 溶液的试管中，逐滴加溴水，振荡，有何现象？再加入 0.5 mL CCl_4 充分振荡，有何现象？溴和碘的氧化性哪个较强？

比较上面两个实验，说明氯、溴、碘氧化性强弱的变化规律，并用有关的电极电势值加以解释。

2）卤素离子还原性的比较

（1）往盛有少量 NaCl 固体的试管中加入 1 mL 浓 H_2SO_4 有何现象？用玻璃棒蘸一些浓 $NH_3 \cdot H_2O$，移进试管口以检验气体产物。写出反应方程式并加以解释。

（2）往盛有少量 KBr 固体的试管中加入 1 mL 浓 H_2SO_4 有何现象？用湿的淀粉碘化钾试纸移进试管口，以检验气体产物，写出反应方程式并加以解释。

（3）往盛有少量 KI 固体的试管中加入 1 mL 浓 H_2SO_4 有何现象？用湿的 $Pb(Ac)_2$ 试纸移进试管口，以检验气体产物，写出反应方程式并加以解释。

综合上述三个实验，说明氯、溴、碘离子还原性强弱的变化规律。

2. 卤素含氧酸盐的性质

1）次氯酸盐的性质

取四支试管，在第一支试管中加入 4 ~ 5 滴 0.1 $mol \cdot L^{-1}$ KI 溶液，2 滴 1 $mol \cdot L^{-1}$ 的 H_2SO_4 溶液，再加入 0.5 mL 的 NaClO 溶液，再加入 0.5 mL CCl_4 充分振荡。

在第二支试管中加入 0.5 mL 的 NaClO 溶液，加入 4 ~ 5 滴 0.2 $mol \cdot L^{-1}$ 的 $MnSO_4$ 溶液。

在第三支试管中加入 0.5 mL 的 NaClO 溶液，再 0.5 mL 浓 HCl（用湿的淀粉 KI 试纸移进试管口，以检验气体）。

在第四支试管中加入 2 滴品红溶液，再加入 0.5 mL 的 NaClO 溶液。

观察以上实验现象，写出有关的反应方程式。

2）氯酸钾的氧化性

取 0.5 mL 0.2 $mol \cdot L^{-1}$ 的 KI 溶液放入试管中，然后滴加饱和的 $KClO_3$ 溶液，观察有何实验现象。再用 3 $mol \cdot L^{-1}$ H_2SO_4 溶液酸化，观察溶液颜色的变化，继续往该溶液中滴加饱和的 $KClO_3$ 溶液，又有何变化，写出相应的反应方程式。

根据实验，总结氯元素含氧酸盐的性质。

3. H_2O_2的性质

1）设计实验

用3% H_2O_2、0.2mol·L^{-1} $Pb(NO_3)_2$、0.2 mol·L^{-1} $KMnO_4$、0.1 mol·L^{-1}硫代乙酰胺、3 mol·L^{-1} H_2SO_4、0.2 mol·L^{-1} KI、MnO_2（s）设计一组实验，验证H_2O_2的分解和氧化还原性。

2）H_2O_2的鉴定反应

在试管中加入2 mL 3% H_2O_2溶液、0.5 mL乙醚、1 mL 1 mol·L^{-1} H_2SO_4和4～5滴0.5 mol·L^{-1} $K_2Cr_2O_7$溶液，振荡试管，观察溶液和乙醚层的颜色有何变化。

4. 硫的化合物的性质

1）硫化物的溶解性

取3支试管分别加入0.2 mol·L^{-1} $MnSO_4$、0.2 mol·L^{-1} $Pb(NO_3)_2$、0.2 mol·L^{-1} $CuSO_4$溶液各0.5 mL，然后各滴加0.1 mol·L^{-1} Na_2S溶液，观察。离心分离，弃去溶液，洗涤沉淀。试验这些沉淀在2 mol·L^{-1} HCl、浓HCl、浓HNO_3中的溶解情况。

根据实验结果，对金属硫化物的溶解情况得出结论，写出有关的反应方程式。

2）亚硫酸盐的性质

往试管中加入2 mL 0.5mol·L^{-1} Na_2SO_3溶液，用3 mol·L^{-1} H_2SO_4酸化，观察有无气体产生。用润湿的pH试纸移近管口，有何现象？然后将溶液分成两份，一份滴加0.1 mol·L^{-1}硫代乙酰胺溶液并加热，另一份滴加0.5 mol·L^{-1} $K_2Cr_2O_7$溶液，观察现象，说明亚硫酸盐具有何性质，写出有关的反应方程式。

3）硫代硫酸盐的性质

用氯水、碘水、0.2 mol·L^{-1} $Na_2S_2O_3$、3 mol·L^{-1} H_2SO_4、0.1 mol·L^{-1} $AgNO_3$设计实验验证：

（1）$Na_2S_2O_3$在酸中的不稳定性；

（2）$Na_2S_2O_3$的还原性和氧化剂强弱对$Na_2S_2O_3$还原产物的影响；

（3）$Na_2S_2O_3$配位性。

由以上实验总结硫代硫酸盐的性质，写出反应方程式。

4）过二硫酸盐的氧化性

在试管中加入3 mL 1 mol·L^{-1} H_2SO_4、3 mL蒸馏水、3滴0.002 mol·L^{-1}的$MnSO_4$溶液，混合均匀分为两份。

在第一份中加入少量$K_2S_2O_8$固体。第二份中加入一滴0.1 mol·L^{-1} $AgNO_3$溶液和少量$K_2S_2O_8$固体。将两支试管同时放入同一只热水浴中加热，溶液的颜色有何变化？写出反应方程式。

比较以上实验结果并解释之。

五、现象记录与解释

（1）运用所学理论知识，对观察到的每一实验现象，作出合理解释与说明。并写出相关的化学反应方程式。

（2）参照附录实验报告的写法，写实验报告。

六、注意事项

（1）试剂尽量少用，看到现象即可。

（2）若实验现象与理论推测不一致，找出问题再继续下一个实验。

七、思考与讨论

（1）长久放置的硫化氢、硫化钠、亚硫酸钠水溶液会发生什么变化？如何判断变化情况？

（2）硫代硫酸钠溶液与硝酸银溶液反应时，为何有时为硫化银沉淀，有时又为 $[Ag(S_2O_3)_2]^{3-}$ 配离子？

（3）氯能从含碘离子的溶液中取代碘，碘又能从氯酸钾溶液中取代氯，这两个反应有无矛盾？为什么？

实验十二 p区非金属元素（二）（氮族、硅、硼）

一、实验目的

（1）掌握氮的不同氧化态的化合物的主要性质。

（2）掌握磷酸盐的酸碱性和溶解性。

（3）掌握硅酸盐、硼酸盐、硼砂的主要性质。

二、实验原理

氮元素的氧化态极其丰富，从 -3 到 +5 可以形成一系列不同氧化态的化合物。-3 氧化态的主要为 NH_3 及其盐。铵盐不稳定，受热易分解，其分解产物由组成铵盐的酸根来决定。

氮的含氧酸及其盐，主要为 +3 和 +5 两种氧化态，常见的为亚硝酸及其盐和硝酸及其盐。+3 氧化态的化合物，既有氧化性又有还原性，在反应中表现什么性质，取决于反应对象。

硝酸有很强的氧化性，其还原产物取决于酸的浓度及反应物的活泼性。硝酸盐受热分解，其分解的难易程度及分解的产物，取决于阳离子。

磷酸属于三元酸，可以形成正盐、一氢盐和二氢盐。易溶于水的正盐在水中水解，溶液显碱性，一氢盐和二氢盐在水中发生水解和氢离子解离两种行为，其溶液的酸碱性，取决于水解和氢离子解离两种程度的相对大小，若水解大于电离，则溶液显碱性，反之为酸性。

磷酸盐的溶解性、正盐、一氢盐除 IA 盐、NH_4^+盐易溶，其余的均难溶于水；所有的二氢盐均易溶于水。不管哪种可溶性盐的水溶液中，均存在着 PO_4^{3-}、HPO_4^{2-}、$H_2PO_4^-$三种酸根离子，这三种盐在一定的条件下可以相互转化。

磷酸根是一种较常用配合剂，常用来掩蔽某些金属离子。

硅酸是一种不溶性的酸，常以硅酸凝胶的形式存在。硅酸盐中，除了 IA 的盐可溶外，其余的盐均难溶于水。

在可溶性的硅酸盐（钠盐）中，加入例如 $CaCl_2$、$CuSO_4$等固体盐，放置一段时间后，可以形成钟乳石状的硅酸盐石笋，俗称水中“花园”。

硼酸是一种缺电子化合物，其水溶液中酸性以及加入多元醇酸性的增强，都是缺电子化合物性质的具体体现。

利用硼酸乙酯燃烧时的特征焰色，可用于硼酸根离子的鉴定。

三、实验用品

试剂：氯化铵，硫酸铵，重铬酸铵，硝酸铵，硝酸铜，硝酸钠，硝酸银，氯化钙，硝酸钴，硫酸铜，硫酸镍，硫酸锰，硫酸锌，硫酸亚铁，三氯化铁，硫粉，锌粉，硼酸，（浓，3 mol·L^{-1}）H_2SO_4，（浓，1 mol·L^{-1}）HNO_3，（浓，6 mol·L^{-1}，2 mol·L^{-1}）HCl，40% NaOH，（饱和，0.5 mol·L^{-1}）$NaNO_2$ 0.1 mol·L^{-1} $KMnO_4$，0.1 mol·L^{-1} KI，0.1 mol·L^{-1} Na_3PO_4，0.1 mol·L^{-1} $Na_4P_2O_7$，0.1 mol·L^{-1} Na_2HPO_4，0.1 mol·L^{-1} NaH_2PO_4，0.1 mol·L^{-1} $AgNO_3$，0.5 mol·L^{-1} $CaCl_2$，2 mol·L^{-1} $NH_3·H_2O$，20% Na_2SiO_3，0.2 mol·L^{-1} $CuSO_4$，甲基橙，甘油，无水乙醇。

仪器：离心机，试管，离心试管。

四、实验步骤

1. 铵盐的分解

在一支干燥的试管中放入一勺氯化铵固体，加热试管，并用湿润的 pH 试纸横放在管口，观察试纸颜色的变化。在试管壁上部有何现象发生？解释现象，写出反应方程式。

分别用硫酸铵和重铬酸铵代替氯化铵重复以上实验，观察并比较它们的热分解产物，写出反应方程式。根据实验结果总结铵盐的分解产物与阴离子的关系。

2. 亚硝酸和亚硝酸盐

1）亚硝酸的生成和分解

将 1 mL 3 mol·L^{-1} H_2SO_4溶液注入用冰水冷却过的 1 mL 饱和 $NaNO_2$溶液中，观察反应情况和产物的颜色。将试管从冰水中取出，放置片刻，观察有何现象发生？写出反应方程式。

2）亚硝酸的氧化性和还原性

在试管中加入 1～2 滴 0.1 mol·L^{-1} KI 溶液，用 3 mol·L^{-1} H_2SO_4溶液酸化，然后滴加 0.5 mol·L^{-1} $NaNO_2$溶液，观察现象，写出反应方程式。

用 0.1 mol · L^{-1} $KMnO_4$ 溶液代替 KI 溶液重复上述实验，观察溶液颜色的变化，写出反应方程式。总结亚硝酸的性质。

3. 硝酸和硝酸盐

1）氧化性

（1）取两支试管各加入少量的锌粉，往其中一支试管中加入 1 mL 浓 HNO_3，往另一支试管中加入 1 mL 1 mol · L^{-1} HNO_3 溶液，观察两支试管的反应速度和产物有何不同。取锌粉与稀 HNO_3 反应过的溶液滴到一只表面皿上，将湿润的红色石蕊试纸贴于另一只表面皿上，向装有溶液的表面皿上滴加一滴 40% NaOH 溶液，迅速将贴有试纸的表面皿倒扣其上并且水浴加热。观察红色石蕊试纸是否变蓝。（此法成为气室法检验 NH_4^+）

（2）在试管中放入少许硫粉，加入 1 mL 浓 HNO_3，水浴加热。观察有何气体产生。冷却，检验反应产物。

写出以上几个反应方程式。

2）硝酸盐的热分解

分别试验固体硝酸钠、硝酸铜、硝酸银的热分解，观察反应的情况和产物的颜色，用带有余烬的火柴伸进管口，检验产生的气体，写出反应方程式。

总结硝酸盐的热分解与阳离子的关系。

4. 磷酸盐的性质

1）酸碱性

用 pH 试纸测定 0.1 mol · L^{-1} Na_3PO_4、Na_2HPO_4、NaH_2PO_4 溶液的 pH 值。

分别往三支试管中加入 0.1 mol · L^{-1} Na_3PO_4、Na_2HPO_4、NaH_2PO_4 溶液，再各滴加适量的 0.1 mol · L^{-1} $AgNO_3$ 溶液，是否有沉淀产生？试验溶液的酸碱性有无变化？解释实验现象，写出有关的反应方程式。

2）溶解性

分别取 0.1 mol · L^{-1} Na_3PO_4、Na_2HPO_4、NaH_2PO_4 溶液各 0.5 mL，分别加入 0.5 mL 0.5 mol · L^{-1} $CaCl_2$ 溶液，观察有何现象？用 pH 试纸测定它们的 pH 值。再分别滴加 2 mol · L^{-1} 的 $NH_3 \cdot H_2O$ 各有何变化？然后再分别滴加 2 mol · L^{-1} HCl 又有何变化？

比较磷酸钙、磷酸氢钙、磷酸二氢钙的溶解性，说明它们之间相互转化的条件，写出有关的反应方程式。

3）配位性

取 0.5 mL 0.2 mol · L^{-1} $CuSO_4$ 溶液，逐滴加入 0.1 mol · L^{-1} $Na_4P_2O_7$ 溶液，观察沉淀的生成。继续滴加 0.1 mol · L^{-1} $Na_4P_2O_7$ 溶液，沉淀是否溶解？写出有关的反应方程式。

5. 硅酸和硅酸盐

1）硅酸凝胶的生成

往 2 mL 饱和的硅酸钠溶液中滴加 6 mol · L^{-1} HCl 溶液，观察产物的颜色、状态。

2）微溶性硅酸盐的生成

在 100 mL 的烧杯中加入约 50 mL 20% 的硅酸钠溶液，然后把氯化钙、硝酸钴、硫酸铜、硫酸镍、硫酸锰、硫酸锌、硫酸亚铁、三氯化铁固体各一小粒投入杯内（注意各固体之间保持一定间隔），放置一段时间后观察有何现象发生。

6. 硼酸和硼酸的焰色反应

1）硼酸的性质

试管中加入少量硼酸固体和 6 mL 蒸馏水，微热使固体溶解。加一滴甲基橙指示剂，观察溶液的颜色。

把上述溶液分装于两支试管中，其中一支试管中加几滴甘油，混匀，比较两支试管溶液的颜色，解释现象。

2）硼酸的鉴定反应

在蒸发皿中放入少量的硼酸晶体、1 mL 无水乙醇和几滴浓硫酸。混合后点燃，观察火焰的颜色有何特征。

五、思考与讨论

（1）磷酸二氢钠显酸性，是否酸式盐溶液都呈酸性？为什么？举例说明？

（2）为什么说硼酸是一元酸？在硼酸溶液中加入多羟基化合物后，溶液的酸度会怎样变化？为什么？

（3）为什么一般情况下不用硝酸作为酸性反应介质？硝酸与金属反应和稀硫酸或稀盐酸与金属反应有何不同？

实验十三　常见非金属阴离子的分离与鉴定

一、实验目的

（1）学习和掌握常见非金属阴离子的分离与鉴定方法。

（2）掌握离子检出的基本操作。

二、实验原理

常见的阴离子有 Cl^-、Br^-、I^-、S^{2-}、SO_3^{2-}、$S_2O_3^{2-}$、SO_4^{2-}、NO_2^-、NO_3^-、PO_4^{3-}、$Cr_2O_7^{2-}$、MnO_4^-等。阴离子彼此干扰较少，彼此不妨碍鉴定，无需进行分离，直接根据阴离子的基本化学性质采用个别鉴定的方法。当某些离子发生相互干扰的情况下，则进行掩蔽或分离。例如 Cl^-、Br^-、I^-共存时，S^{2-}、SO_3^{2-}、$S_2O_3^{2-}$共存时，才做分离后鉴定。

三、实验用品

试剂：$FeSO_4$（固），$CdCO_3$（固），0.1 mol · L^{-1} Na_2S，0.5 mol · L^{-1} Na_2SO_3，0.1

mol · $L^{-1}Na_2S_2O_3$，0.1 mol · $L^{-1}Na_3PO_4$，0.1 mol · $L^{-1}NaCl$，0.1 mol · $L^{-1}KBr$，0.1 mol · $L^{-1}KI$，0.1 mol · $L^{-1}NaNO_3$，0.1 mol · $L^{-1}Na_2CO_3$，0.1 mol · $L^{-1}NaNO_2$，0.1 mol · $L^{-1}Na_2SO_4$，0.1 mol · L^{-1} $(NH_4)_2MoO_4$，0.1 mol · $L^{-1}BaCl_2$，0.01 mol · $L^{-1}KMnO_4$，饱和 $ZnSO_4$，0.5 mol · $L^{-1}K_4[Fe(CN)_6]$，0.1 mol · $L^{-1}AgNO_3$，饱和 $Ba(OH)_2$，（浓，1 mol · L^{-1}）H_2SO_4，6 mol · $L^{-1}HNO_3$，6 mol · $L^{-1}HCl$，2 mol · $L^{-1}HAc$，2 mol · $L^{-1}NaOH$，6 mol · L^{-1} $NH_3 \cdot H_2O$，3% H_2O_2，饱和氯水，1%对氨基苯磺酸，0.4% α－奈胺，9%亚硝酰铁氰化钠，CCl_4，pH 试纸。

仪器：离心机，试管。

四、实验步骤

1. 常见阴离子的鉴定

1）CO_3^{2-}的鉴定

取10滴0.1 mol · $L^{-1}Na_2CO_3$试液加入试管中，用pH试纸测其pH值，然后加10滴6 mol · $L^{-1}HCl$溶液，并立刻将底部（外）沾有 $Ba(OH)_2$溶液的离心试管置于试管口上，仔细观察，如离心试管底部上的溶液立刻变为浑浊（白色），结合溶液的pH值，可以判断有 CO_3^{2-}存在。

2）NO_3^-的鉴定

取2滴0.1 mol · $L^{-1}NaNO_3$试液于点滴板上，在溶液的中央放一粒 $FeSO_4$晶体然后在晶体上加1滴浓 H_2SO_4。如晶体周围有棕色出现，示有 NO_3^-存在。

3）NO_2^-的鉴定

取2滴0.1 mol · $L^{-1}NaNO_2$试液于点滴板上，加1滴2 mol · L^{-1} HAc 酸化，加1滴对氨基苯磺酸和1滴 α－奈胺。如有玫瑰红色出现，示有 NO_2^-存在。

4）SO_4^{2-}的鉴定

取1滴0.1 mol · L^{-1} Na_2SO_4试液于试管中，加入2滴6 mol · L^{-1} HCl 和1滴0.1 mol · $L^{-1}BaCl_2$溶液，如有白色沉淀，示有 SO_4^{2-}存在。

5）SO_3^{2-}的鉴定

在盛有1滴0.5 mol · L^{-1} Na_2SO_3试液的试管中，加入2滴1 mol · $L^{-1}H_2SO_4$，迅速加入1滴0.01 mol · L^{-1} $KMnO_4$溶液，如紫色褪去，示有 SO_3^{2-}存在。

6）$S_2O_3^{2-}$的鉴定

取3滴0.1 mol · $L^{-1}Na_2S_2O_3$试液于试管中，加入10滴0.1 mol · $L^{-1}AgNO_3$溶液，振荡，如有白色沉淀迅速变棕变黑，示有 $S_2O_3^{2-}$存在。

7）PO_4^{3-}的鉴定

取3滴0.1 mol · L^{-1} Na_3PO_4试液于试管中，加入5滴6 mol · $L^{-1}HNO_3$溶液，再加8～10滴0.1 mol · L^{-1} $(NH_4)_2MoO_4$溶液，微热之，如有黄色沉淀生成，示有 PO_4^{3-}存在。

8）S^{2-}的鉴定

取1滴0.1 mol·L^{-1} Na_2S试液于试管中，加入1滴2 mol·L^{-1} NaOH溶液碱化，再加1滴亚硝酰铁氰化钠试剂，如溶液颜色变为紫色，示有S^{2-}存在。

9）Cl^-的鉴定

取3滴0.1 mol·L^{-1} NaCl试液于离心试管中，加入1滴6 mol·$L^{-1}$$HNO_3$酸化，再滴加0.1 mol·$L^{-1}$$AgNO_3$溶液。如有白色沉淀生成，初步说明可能试液中有$Cl^-$存在。将离心试管置于水浴上微热，离心分离，弃去清液，于沉淀上加入3～5滴6 mol·$L^{-1}$$NH_3\cdot H_2O$搅拌，沉淀立刻溶解，再加5滴6 mol·$L^{-1}$$HNO_3$酸化，如重新产生白色沉淀，示有$Cl^-$存在。

10）I^-的鉴定

取5滴0.1 mol·L^{-1} KI试液于试管中，加2滴1 mol·L^{-1} H_2SO_4及3滴CCl_4，然后逐滴加入氯水，并不断振荡试管，如CCl_4层呈现紫红色（I_2），然后褪至无色（IO_3^-），示有I^-存在。

11）Br^-的鉴定

取5滴0.1 mol·L^{-1} KBr试液于试管中，加2滴1 mol·$L^{-1}$$H_2SO_4$及2滴$CCl_4$，然后逐滴加入氯水，并不断振荡试管，如$CCl_4$层呈现黄色或橙红色（$Br_2$），示有$Br^-$存在。

2. 自行计设以下混合离子的分离和鉴定方案

1）Cl^-、Br^-、I^-混合离子的分离和鉴定。

2）S^{2-}、SO_3^{2-}、$S_2O_3^{2-}$混合离子的分离和鉴定。

五、思考与讨论

（1）一个能溶于水的混合物，已检出含Ag^+和Ba^{2+}。下列阴离子中哪几个可不必鉴定？SO_3^{2-}、Cl^-、NO_3^-、SO_4^{2-}、CO_3^{2-}、I^-。

（2）未知液经初步试验结果如下：

① 试液呈酸性时无气体产生；

②酸性溶液中加$BaCl_2$溶液无沉淀产生；

③加入稀硝酸溶液和$AgNO_3$溶液产生黄色沉淀；

④酸性溶液中加入$KMnO_4$溶液紫色褪去，加淀粉碘化钾溶液，蓝色不褪去；

⑤与碘化钾无反应。

由以上初步试验结果，推断哪些离子可能存在。说明理由，拟出进一步验证步骤简表。

（3）硫酸或稀盐酸溶液滴于固体试样中，如观察到有气泡产生，则该固体试样中可能存在哪些阴离子？

实验十四 常见阳离子的分离与鉴定

一、实验目的

（1）进一步掌握一些金属元素及其化合物的性质。

（2）了解常见阳离子混合液的分离和鉴定方法。

二、实验原理

阳离子的种类较多，离子的分离鉴定是以各离子对试剂的不同反应为依据。这种反应常伴随特殊的现象，如沉淀的生成或溶解，特殊颜色的出现，气体的生成等。

三、实验用品

试剂：$NaNO_2$（S），（浓，2 mol·L^{-1}，6 mol·L^{-1}）HCl，（2 mol·L^{-1}，6 mol·L^{-1}）H_2SO_4，6 mol·$L^{-1}$$HNO_3$，（2 mol·$L^{-1}$，6 mol·$L^{-1}$）HAc，（2 mol·$L^{-1}$，6 mol·$L^{-1}$）NaOH，6 mol·$L^{-1}$$NH_3 \cdot H_2O$，1 mol·$L^{-1}$NaCl，1 mol·$L^{-1}$KCl，1 mol·$L^{-1}$$MgCl_2$，0.5 mol·$L^{-1}$$CaCl_2$，0.5 mol·$L^{-1}$$BaCl_2$，0.5 mol·$L^{-1}$$AlCl_3$，0.5 mol·$L^{-1}$$SnCl_2$，0.5 mol·$L^{-1}$Pb（$NO_3$）$_2$，0.1 mol·$L^{-1}$$SbCl_3$，0.2 mol·$L^{-1}$$HgCl_2$，0.1 mol·$L^{-1}$Bi（$NO_3$）$_3$，0.5 mol·$L^{-1}$$CuCl_2$，0.1 mol·$L^{-1}$$AgNO_3$，0.1 mol·$L^{-1}$$ZnSO_4$，0.2 mol·$L^{-1}$Cd（$NO_3$）$_2$，0.5 mol·$L^{-1}$Al（$NO_3$）$_3$，0.5 mol·$L^{-1}$Ca（$NO_3$）$_2$，0.5 mol·$L^{-1}$$NaNO_3$，0.5 mol·$L^{-1}$$Na_2S$，饱和KSb（OH）$_6$，饱和酒石酸氢钠，饱和（$NH_4$）$_2C_2O_4$，2 mol·$L^{-1}$NaAc，1 mol·$L^{-1}$$K_2CrO_4$，饱和$Na_2CO_3$，2 mol·$L^{-1}$$NH_4Ac$，0.5 mol·$L^{-1}$$K_4$[Fe（CN）$_6$]，0.1%镁试剂，0.1%铝试剂，罗丹明B，苯，2.5%硫脲，（NH_4）$_2$[Hg（SCN）$_4$]。

1. Na^+、k^+、Mg^{2+}、Ca^{2+}、Ba^{2+}离子的鉴定

1）Na^+的鉴定

在盛有0.5 mL 1 mol·L^{-1}NaCl溶液的试管中，加入0.5 mL饱和的六羟基锑酸钾溶液，如有白色晶状沉淀产生，示有Na^+存在。如无沉淀产生，可以用玻璃棒摩擦试管内壁，放置片刻，再观察。写出反应方程式。

2）K^+的鉴定

在盛有0.5 mL 1 mol·L^{-1}KCl溶液的试管中，加入0.5 mL饱和的酒石酸氢钠溶液，如有白色晶状沉淀产生，示有K^+存在。如无沉淀的产生，可以用玻璃棒摩擦试管内壁，放置片刻，再观察。写出反应方程式。

3）Mg^{2+}的鉴定

在试管中加2滴0.5 mol·$L^{-1}$$MgCl_2$溶液，再滴加6 mol·$L^{-1}$NaOH溶液，直到生成白色絮状的Mg（OH）$_2$沉淀为止；然后加入1滴镁试剂，搅拌之，生成蓝色沉淀，示有Mg^{2+}的存在。

4）Ca^{2+}的鉴定

取0.5 mL 0.5 mol·$L^{-1}$$CaCl_2$溶液于离心试管中，再加10滴饱和的（$NH_4$）$_2C_2O_4$溶液，有白色沉淀产生。离心分离，弃去清液，若白色沉淀不溶于6 mol·L^{-1} HAc而溶于2 mol·L^{-1} HCl，示有Ca^{2+}存在。

5）Ba^{2+}的鉴定

取2滴0.5 mol·L^{-1} $BaCl_2$溶液于试管中，加入2 mol·L^{-1} HAc和2 mol·L^{-1}NaAc各2

滴，然后加 2 滴 1 mol · L^{-1} K_2CrO_4溶液，有黄色沉淀生成，示有 Ba^{2+}存在。

2. p 区和 ds 区部分金属离子的鉴定

（1） Al^{3+}的鉴定

取 2 滴 0.5 mol · L^{-1} $AlCl_3$溶液于试管中，加 2 ~ 3 滴水，2 滴 2 mol · L^{-1} HAc 和 2 滴 0.1% 铝试剂，搅拌后，置水浴上加热片刻，再加入 1 ~ 2 滴 6 mol · L^{-1} NH_3 · H_2O，有红色絮状沉淀生成，示有 Al^{3+}存在。

2） Sn^{2+}的鉴定

取 5 滴 0.5 mol · L^{-1} $SnCl_2$试液于试管中，逐滴加入 0.2 mol · L^{-1} $HgCl_2$溶液，边加边振荡，若产生的沉淀由白色变为灰色，然后变为黑色，示有 Sn^{2+}存在。

3） Pb^{2+}的鉴定

取 5 滴 0.5 mol · L^{-1} Pb（NO_3）$_2$试液于试管中，加 2 滴 1 mol · L^{-1} K_2CrO_4溶液，如有黄色沉淀生成，在沉淀上滴加数滴 2 mol · L^{-1} NaOH 溶液，沉淀溶解，示有 Pb^{2+}存在。

4） Sb^{3+}的鉴定

取 5 滴 0.1 mol · L^{-1} $SbCl_3$试液于试管中，加 3 滴浓 HCl 及少量的固体 $NaNO_2$，将 Sb^{3+}氧化为 Sb^{5+}，当无气体放出时，加数滴苯及 2 滴罗丹明 B 试剂，苯层显紫色，示有 Sb^{3+}存在。

5） Bi^{3+}的鉴定

取 1 滴 0.1 mol · L^{-1} Bi（NO_3）$_3$试液于试管中，加 1 滴 2.5% 硫脲，生成鲜黄色配合物，示有 Bi^{3+}存在。

6） Cu^{2+}的鉴定

取 1 滴 0.5 mol · L^{-1} $CuCl_2$试液于试管中，加 1 滴 6 mol · L^{-1} HAc 溶液酸化，再加 1 滴 0.5 mol · L^{-1} K_4［Fe（CN）$_6$］溶液，生成红棕色 Cu_2［Fe（CN）$_6$］沉淀，示有 Cu^{2+}存在。

7） Ag^+的鉴定

取 5 滴 0.1 mol · L^{-1} $AgNO_3$试液于试管中，加 2 滴 2 mol · L^{-1} HCl，产生白色沉淀，在沉淀中加入 6 mol · L^{-1} NH_3 · H_2O 至沉淀完全溶解。此溶液再用 6 mol · L^{-1} HNO_3溶液酸化，生成白色沉淀，示有 Ag^+存在。

8） Zn^{2+}的鉴定

取 3 滴 0.1 mol · L^{-1} $ZnSO_4$试液于试管中，加 2 滴 2mol · L^{-1} HAc 溶液酸化，再加入等体积（NH_4）$_2$［Hg（SCN）$_4$］试剂，摩擦试管壁，生成白色沉淀，示有 Zn^{2+}存在。

9） Cd^{2+}的鉴定

取 3 滴 0.2 mol · L^{-1} Cd（NO_3）$_2$试液于试管中，加入 2 滴 0.5 mol · L^{-1} Na_2S，生成亮黄色沉淀，示有 Cd^{2+}存在。

10） Hg^{2+}的鉴定

取 2 滴 0.2 mol · L^{-1} $HgCl_2$液于试管中，逐滴加入 0.5 mol · L^{-1} $SnCl_2$溶液，边加边振荡，观察沉淀颜色变化过程，最后变为灰色，示有 Hg^{2+}存在（该反应可作为 Hg^{2+}或 Sn^{2+}的

定性鉴定）。

3. Ag^{+}、Cd^{2+}、Al^{3+}、Ba^{2+}、Na^{+}混合离子的分离和鉴定

取 $AgNO_3$、$Cd(NO_3)_2$、$Al(NO_3)_3$、$Ba(NO_3)_2$、$NaNO_3$试液各 5 滴，加入离心试管中，混合均匀后，对其进行分离和鉴定（自行设计方案）。

四、注意事项

含 Pb^{2+}、Cd^{2+}、Cr^{3+}、Hg^{2+}的废液要回收处理。因为含有 Pb^{2+}、Cd^{2+}、Cr^{3+}、Hg^{2+}及砷、氰化物的溶液是有毒物质。可以根据其性质通过化学反应，使其生成沉淀或转化成无毒化合物，交专业部门处理，防止污染水源。

五、思考与讨论

（1）在未知溶液分析中，当由碳酸盐制取铬酸盐沉淀时，为什么必须要用 HAc 溶液去溶解碳酸盐沉淀，而不用强酸如 HCl 溶解？

（2）用硫代乙酰胺从离子混合试液中沉淀 Cd^{2+}、Hg^{2+}、Bi^{3+}、Pb^{2+}等离子时，为什么要控制溶液的酸度为 0.3 $mol \cdot L^{-1}$，酸度太高或太低对分离有何影响？控制酸度为什么用 HCl 而不用 HNO_3？

（3）用 $AgNO_3$鉴定 Cl^-时，为什么先加 HNO_3？鉴定 Br^-和 I^-时先加 H_2SO_4，为什么？向一未知溶液中加入 $AgNO_3$时如果不产生沉淀，能否认为溶液中不存在卤素离子？

（4）如何区别①Na_2SO_3和 Na_2SO_4；②Na_2SO_3和 $Na_2S_2O_3$；③$Na_2S_2O_8$和 Na_2SO_4？

实验十五 离子交换法制备纯水

一、实验目的

（1）了解离子交换法制备纯水的基本原理。

（2）了解离子交换柱的制作方法及掌握离子交换树脂的操作方法。

（3）掌握去离子水的制备方法及水中常见离子的定性鉴定原理和方法。

（4）学习电导率仪的使用。

二、实验原理

1. 纯水的制备

在天然水或者自来水中含有各种各样的无机和有机杂质，常见的无机杂质有 Mg^{2+}、Ca^{2+}、CO_3^{2-}、HCO_3^-、Cl^-离子及某些气体。在化学实验中，根据任务及要求的不同，对水的纯度有不同要求。水的纯化方法有蒸馏法、电渗析法和离子交换法。本实验用离子交换法制备纯水，所得纯水称去离子水。离子交换法制备纯水是使自来水通过离子交换柱（内装离子交换树脂），除去杂质离子，达到净化目的。离子交换法中起核心作用的物质就是离子交换树脂。离子交换树脂是一种难溶性的高分子聚合物，对酸、碱及一般有机溶剂稳定。从结构上看，交换树脂可分为两部分：一部分是具有网状结构体型高分子聚合物即交换树脂的母体；另一部分是连在母体上的含有许多可与溶液中的离子起交换作用的活性基团。根据活性基团类型的不同，离子交换树脂分为阳离子交换树脂和阴离子交换树脂。例如，强酸性阳离子交换树脂（如国产 732 型树脂）是磺酸盐型交换树脂，表示为 $R-SO_3H$。强碱性阴离子交换树脂（如国产 717 型树脂）是季胺碱型离子交换树脂，表示为 $R-N(CH_3)_3OH$。当天然水通过阳离子交换树脂时，水中的阳离子如 Ca^{2+}、Mg^{2+}、Na^+ 等被树脂吸附，发生如下的交换反应：

$$2R-SO_3H+Ca^{2+}=(R-SO_3)_2Ca+2H^+$$

$$R-SO_3H+Na^+=R-SO_3Na+H^+$$

$$2R-SO_3H+Mg^{2+}=(R-SO_3)_2Mg+2H^+$$

当水样通过阴离子交换树脂时，水中的 Cl^-、SO_4^{2-}、CO_3^{2-} 等阴离子被树脂吸附，并发生如下的交换反应：

$$R-N(CH_3)_3OH+Cl^-=R-N(CH_3)_3Cl+OH^-$$

$$2R-N(CH_3)_3OH+SO_4^{2-}=[R-N(CH_3)_3]_2SO_4+2OH^-$$

$$2R-N(CH_3)_3OH+CO_3^{2-}=[R-N(CH_3)_3]_2CO_3+2OH^-$$

经过阳离子交换树脂交换出的 H^+ 与经过阴离子交换树脂交换出的 OH^- 结合成水。

$$H^++OH^-=H_2O$$

由于在离子交换树脂上进行的反应是可逆的，从两个交换反应方程式可以看出，当水样中 H^+ 或 OH^- 浓度不断增加时，不利于交换反应进行。所以只用阳离子交换柱和阴离子交换柱串联起来制得的水，往往仍含有少量的杂质离子。为了进一步除去这些离子，提高水的纯度，可再串接一个装有由一定比例的阴、阳离子交换树脂混合均匀的交换柱，其作用相当于多级交换，而且在交换柱任何部位的水都是中性的，从而大大减少了逆反应的可能性。

离子交换树脂的交换量是一定的，使用到一定程度后即失效。经交换而失效的交换树脂需经适当的处理使其复原，这一过程称为树脂的再生。就是利用上述反应可逆的特点，用酸碱迫使交换反应逆向进行。用一定浓度的酸碱处理树脂时，无机离子便从树脂上解脱出来，使树脂得到再生。失效的阳、阴离子交换树脂可分别用稀 HCl、稀 NaOH 溶液再生。

2. 纯水的检验

纯水的检验有物理方法和化学方法两类。水是弱电解质，水中杂质离子越少，水的纯度越高，其导电能力越弱。测定水的电导率，即可判断水的纯度。25 ℃各种水样的电导率值范围见表 6－15。

表 6-15 不同水样的电导率

水样	自来水	去离子水	蒸馏水
电导率/（$S \cdot cm^{-1}$）	$5.0 \times 10^{-3} \sim 5.3 \times 10^{-4}$	$5.0 \times 10^{-5} \sim 1.0 \times 10^{-6}$	$2.8 \times 10^{-6} \sim 6.3 \times 10^{-7}$

也可以用化学方法对水样中 Mg^{2+}、Ca^{2+}、SO_4^{2-}、Cl^- 等离子进行定性鉴定。在 pH 为 8~11的溶液中，用铬黑 T 检验 Mg^{2+} 离子，若有 Mg^{2+} 离子存在，则与铬黑 T 形成酒红色的配合物。在 pH >12 的溶液中，用钙指示剂检验 Ca^{2+} 离子。若有 Ca^{2+} 离子存在，则与钙指示剂形成红色配合物。用 $AgNO_3$溶液可以鉴定 Cl^-。用 $BaCl_2$溶液可以鉴定 SO_4^{2-}。

三、实验用品

试剂： $1\ mol \cdot L^{-1} HNO_3$，$2\ mol \cdot L^{-1} NH_3 \cdot H_2O$，$0.1\ mol \cdot L^{-1} AgNO_3$，$1\ mol \cdot L^{-1} BaCl_2$，5% NaOH，5% HCl，固体铬黑 T，固体钙指示剂，732 型强酸性阳离子交换树脂，717 型强碱性阴离子交换树脂。

仪器： 电导率仪，烧杯，交换管（3 支，直径为 15 mm、长度为 25 mL 的玻璃管也可用 25 mL 的滴定管代替），pH 试纸，酸度计。

四、实验步骤

1. 树脂的预处理

（1）732 型阳离子交换树脂的预处理：用水将树脂冲至无色后，改用纯水浸泡 4~8 h，再用 5% HCl 浸泡 4 h。倾去 HCl 溶液，用纯水洗至 pH =5~6。纯水浸泡备用。

（2）717 型阴离子交换树脂的预处理：将树脂同上法漂洗和浸泡后，用 5% NaOH 溶液浸泡 4 h。倾去 NaOH 溶液，用纯水洗至 pH =7~8。纯水浸泡备用。

2. 离子交换装置的制作

离子交换装置由 3 根离子交换柱串联组成。如图 6-4 所示，装置的流程为自来水→阳离子交换柱→阴离子交换柱→阴、阳离子混合交换柱→去离子水。第一根柱子中装阳离子交换树脂，第二根柱子中装阴离子交换树脂，第三根柱子中装混合均匀的阴、阳离子交换树脂。柱子底部垫有玻璃棉（或脱脂棉代替），以防止树脂颗粒掉出柱外。向柱中装入蒸馏水至交换柱的 1/3 高，排除柱下部和玻璃棉中的空气。将处理好的树脂混合后与水一起加入交换柱中，与此同时打开交换柱下端的夹子，让水缓慢流出（水流的速度不能太快，防止树脂露出水面），使树脂自然沉降。

装柱时，应使树脂紧密，不能让柱子内部出现空洞或者气泡，出现以上情况可以拿玻璃棒伸入树脂内部捣实。装柱完毕后，在树脂层上盖一层玻璃棉，以防加入溶液时把树脂冲起。本实验为阳离子交换树脂柱，阴离子树脂柱和阴、阳离子树脂混合柱串联装置，还需注意各柱的连接处应无气泡（可预先将新乳胶管充满水赶出气泡，然后再接上）。

3. 纯水的制备

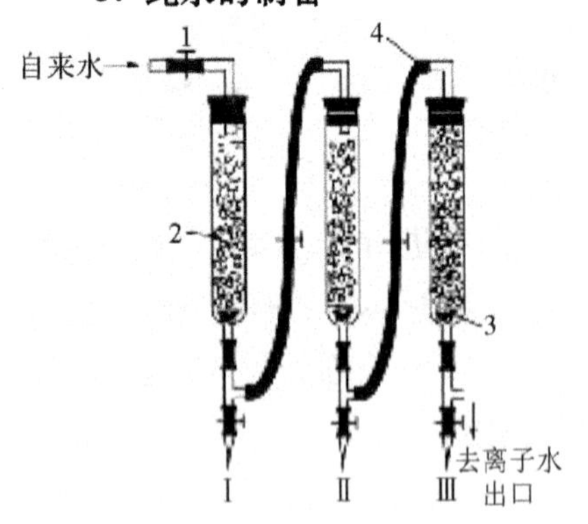

图 6-4　离子交换装置示意图

Ⅰ—阳离子交换柱；Ⅱ—阴离子交换柱；
Ⅲ—阴、阳离子交换柱
1—螺旋夹；2—树脂；
3—玻璃纤维；4—乳胶管

自来水依次流入阳离子交换柱（Ⅰ）、阴离子交换柱（Ⅱ）及混合交换柱（Ⅲ），控制水流速度为 25 ~ 30 滴/min。让流出液流出 15 mL 以后，收集各部位的产品检验（注意要用清洁的容器收集离子交换水，以免带入杂质）。

4. 水质的检验

取自来水和制备过程中得到的各部分水样，分别进行如下检测，实验结果填写在表 6-16 里。

1）电导率的测定

每次测定前，都要先后用蒸馏水和待测水样冲洗电导电极，并用滤纸吸干，再将电极浸入水样中，务必保证电极头的铂片完全被水浸没，然后按照知识链接中电导率仪的说明进行操作。

2）pH 的测定

用 pH 试纸测量待测水样的 pH 值（或者用酸度计精确测量）。

3）离子的定性检验

Ca^{2+}离子：分别取自来水和去离子水样 0.5 mL 于试管中，各加入 1 滴 2 mol · L^{-1}NaOH 溶液，再加入少许钙指示剂，比较两支试管溶液颜色。

Mg^{2+}离子：分别取自来水和去离子水样 0.5 mL 于试管中，各加入 1 滴 2 mol · L^{-1}氨水，再加入少许铬黑 T，比较两支试管溶液颜色。

Cl^-离子检验：分别取自来水和去离子水样 0.5 mL，各加 4 滴 1 mol · L^{-1} HNO_3溶液，再滴入 3 滴 0.1 mol · L^{-1} $AgNO_3$溶液，观测两支试管中有无沉淀产生。

SO_4^{2-}离子的检验：分别取自来水和去离子水样 0.5 mL，各滴入 1 滴 1 mol · L^{-1} $BaCl_2$ 溶液，观测两支试管中有无沉淀产生。

五、数据记录及结果处理

数据记录及处理结果见表 6-16。

表 6-16　实验现象记录表

测试水样	电导率/（μS · cm^{-1}）	pH 值	检验现象			
			Ca^{2+}离子	Mg^{2+}离子	SO_4^{2-}离子	Cl^-离子
自来水						
阳柱流出水						
阴柱流出水						
去离子水						

六、思考与讨论

（1）列举出至少3种不能用离子交换法去除的水中杂质。

（2）为什么要先让流出液流出15 mL以后，才能开始收集产品检验？

（3）现有下列无色、浓度均为0.01 mol · L^{-1}的葡萄糖溶液、氯化钠溶液、醋酸溶液和硫酸钠溶液，能否用测量电导率的方法进行区别？

（4）为什么可用测量水样的电导率来检查水质的纯度，电导率数值越小的水样其纯度是否一定越高？

实验十六　$I_3^- = I^- + I_2$平衡常数的测定

一、实验目的

（1）测定$I_3^- = I^- + I_2$体系的平衡常数。

（2）加强对化学平衡、平衡常数的理解并了解平衡移动的原理。

（3）巩固移液管、滴定管操作。

二、实验原理

碘溶于碘化钾溶液中形成I_3^-离子，并建立下列平衡：

$$I_3^- = I^- + I_2 \tag{1}$$

在一定温度条件下其平衡常数为：

$$K = \frac{\alpha_{I^-} \cdot \alpha_{I_2}}{\alpha_{I_3^-}} = \frac{\gamma_{I^-} \cdot \gamma_{I_2}}{\gamma_{I_3^-}} \cdot \frac{c_{I^-} \cdot c_{I_2}}{c_{I_3^-}}$$

式中α为活度，γ为活度系数，c_{I^-}、c_{I_2}和$c_{I_3^-}$为平衡浓度。由于在离子强度不太大的溶液中：

$$\frac{\gamma_{I^-} \cdot \gamma_{I_2}}{\gamma_{I_3^-}} \approx 1$$

所以

$$K \approx \frac{c_{I^-} \cdot c_{I_2}}{c_{I_3^-}} \tag{2}$$

为了测定平衡时体系的c_{I^-}、c_{I_2}和$c_{I_3^-}$，可用过量的固体碘与已知浓度的碘化钾溶液一起摇荡，达到平衡后，取上层清液，用标准硫代硫酸钠溶液进行滴定：

$$2Na_2S_2O_3 + I_2 = 2NaI + Na_2S_4O_6$$

由于溶液中存在$I_3^- = I^- + I_2$的平衡，所以用硫代硫酸钠溶液滴定，最终测得的是平衡时I_2和I_3^-的总浓度。设这个浓度为c则：

$$c = c_{I_2} + c_{I_3^-} \tag{3}$$

c_{I_2}可通过在相同温度条件下，测定过量固体碘与水处于平衡时，溶液中碘的浓度来代

替。设这个浓度为c'，则

$$c_{I_2}=c'$$

整理（3）式得：$c_{I_3^-}=c-c_{I_2}=c-c'$

从（1）式可以看出，形成一个I_3^-就需要一个I^-，所以平衡时c_{I^-}的浓度为

$$c_{I^-}=c_0-c_{I_3^-}$$

式中c_0为碘化钾的起始浓度。

将c_{I^-}、c_{I_2}和$c_{I_3^-}$代入（2）式即可求得在此温度条件下的平衡常数K。

三、实验用品

试剂： 固体碘，0.010 0 $mol\cdot L^{-1}$ KI，0.020 0 $mol\cdot L^{-1}$ KI，0.005 0 $mol\cdot L^{-1}$ $Na_2S_2O_3$标准溶液，0.2%淀粉溶液。

仪器： 量筒（10 mL，100 mL），吸量管（10 mL），移液管（50 mL），碱式滴定管，碘量瓶（100 mL，250 mL），锥形瓶（250 mL），洗耳球。

四、实验步骤

（1）取两只干燥的100 mL的碘量瓶和一只250 mL的碘量瓶，分别标上1、2、3号。

（2）用量筒分别量取80 mL 0.010 0 $mol\cdot L^{-1}$ KI溶液注入1号瓶，80 mL 0.020 0 $mol\cdot L^{-1}$ KI溶液注入2号瓶中，200 mL蒸馏水注入3号瓶中。然后在每个瓶内各加入0.5 g研细的碘，盖好瓶塞。

（3）将装有配好溶液的3只碘量瓶分别放置于磁力搅拌器上，搅拌30 min，静止10 min后。待过量的碘完全沉于瓶底后，分别取三只碘量瓶中上层清液滴定。

或者，将装有配好溶液的3只碘量瓶激烈振荡15 min，再静置于25 ℃的水浴中。每隔10 min取出激烈振荡1 min。三次振荡后，在水浴中静置15 min。待过量的碘完全沉于瓶底后，分别取3只碘量瓶中上层清液滴定。

（4）用10 mL吸量管吸取1号瓶中上层清液两份，分别注入250 mL锥形瓶中，再各注入40 mL蒸馏水，用0.005 0 $mol\cdot L^{-1}$标准$Na_2S_2O_3$溶液滴定其中一份至淡黄色时（注意不要滴过量），注入4 mL 0.2%的淀粉溶液，此时溶液应呈蓝色，继续滴定至蓝色刚好消失。记下所消耗的$Na_2S_2O_3$溶液的体积。再平行做第二份清液。

同样的方法滴定2号瓶中上层清液。

（5）用50 mL移液管移取3号瓶上层清液两份，用0.005 0 $mol\cdot L^{-1}$标准$Na_2S_2O_3$溶液滴定，方法同上。

五、数据记录和结果处理

数据记录和结果处理见表6－17。

表 6－17 平衡常数的测定 室温：

瓶 号			1	2	3
取样体积 V/mL			10.00	10.00	50.00
$c_{Na_2S_2O_3}$/(mol·L^{-1})					
$Na_2S_2O_3$ 溶液的用量/mL^{-1}	Ⅰ	V（初）			
		V（终）			
		V			
	Ⅱ	V（初）			
		V（终）			
		V			
$\bar{c}$/（mol·L^{-1}）					—
c'/（mol·L^{-1}）			—	—	
c_0/（mol·L^{-1}）			0.010 0	0.020 0	—
c_{I^-}					—
K					—
$\bar{K}$					

用 $Na_2S_2O_3$ 标准溶液滴定碘时，相应的碘的浓度计算方法如下。

1、2 号瓶：$c=\dfrac{c_{Na_2S_2O_3}\cdot V_{Na_2S_2O_3}}{2V_{KI-I_2}}$

3 号瓶：$c'=\dfrac{c_{Na_2S_2O_3}\cdot V_{Na_2S_2O_3}}{2V_{H_2O-I_2}}$

本实验测定 K 值在 $1.0\times10^{-3}\sim2.0\times10^{-3}$ 范围内合格（文献值 $K=1.5\times10^{-3}$）。

六、注意事项

测定平衡常数严格地说应该在恒温条件下进行。如使用恒温水浴测定 25 ℃时的反应平衡常数，其实验步骤如下：

首先将恒温水浴的温度调至 25 ℃ ±0.5 ℃，然后将装有配好的溶液的 3 只碘量瓶激烈振荡 15 min，再静置于水浴中。每隔 10 min 取出激烈振荡 0.5 ~1 min。三次振荡后，在水浴中静置 15 min。分别取 3 只碘量瓶中上层清液滴定，滴定步骤同前。

七、思考与讨论

（1）本实验中，碘的用量是否要准确称取？为什么？

（2）出现下列情况，将会对本实验产生何种影响？

①所取碘的量不够；

②3 只碘量瓶没有充分振荡；

③在吸取清液时，不注意将沉在溶液底部或悬浮在溶液表面的少量固体碘带入吸量管。

(3) 为什么要滴定到溶液显示淡黄色时才加入指示剂?

(4) 为什么可以用3号瓶的碘水浓度代替1、2号瓶中的碘水浓度?

实验十七 磺基水杨酸合铁(Ⅲ)配合物的组成及稳定常数的测定

一、实验目的

(1) 初步了解分光光度法测定溶液中配合物的组成及其稳定常数的原理方法。

(2) 学习有关实验数据的处理。

(3) 学习使用722S分光光度计。

二、实验原理

当一束具有一定波长的单色光通过有色溶液时，有色物质对光的吸收程度(用吸光度A表示)与有色物质的浓度和光穿过的液层厚度成正比：

$$A = \varepsilon cb$$

这就是朗伯-比耳定律。式中c为有色物质浓度；b为光穿过的液层厚度；ε是摩尔吸光系数，当波长一定时，它是有色物质的一个特征常数。

磺基酸杨酸(H_3R)与Fe^{3+}形成的配合物的组成和颜色因pH不同而异。当溶液的$pH < 4$时，形成紫红色的配合物；pH在4~10间生成红色的配合物；pH在10左右时，生成黄色配合物。

本实验用等物质的量系列法测定$pH < 2.5$时磺基水杨酸与铁离子形成的红褐色的磺基水杨酸合铁(Ⅲ)配离子的组成和稳定常数。

采用等物质的量系列法，要求溶液中的金属离子与配体都是无色的，而形成的配合物是有色的。这样，溶液的吸光度只与配合物本身的浓度成正比。本实验中磺基水杨酸是无色的，Fe^{3+}溶液的浓度很稀，也接近无色。

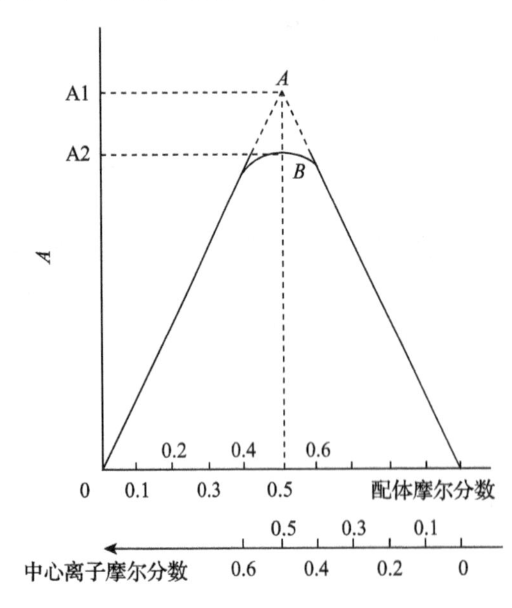

图6-5 等摩尔系列法

等物质的量系列法就是保持每份溶液中金属离子的浓度(C_M)与配体的浓度(C_R)之和不变(即总的物质的量不变)的前提下，改变这两种溶液的相对量，配制一系列溶液并测定每份溶液的吸光度。若以不同的物质的量比$\frac{nM}{nM+nR}$与对应的吸光度A作图得物质的量比-吸光度曲线，曲线上与吸光度极大值对应的物质的量比就是该有色配合物中金属离子与配体的组成之比。即

$$n = \frac{c(H_3R)}{c(Fe^{3+})} = \frac{\chi(H_3R)}{1-\chi(H_3R)}$$

图6-5表示一个典型的低稳定性的配合物MR的物质的量比与吸光度曲线，将两边直

线部分延长相交于A，A点位于50%处，即金属离子与配体的物质的量比为1:1。从图可见，当完全以MR形式存在时，在B点MR的浓度最大，对应的吸光度（理论吸光度）对应于A点的A_1，但由于配合物一部分解离，实验测得的最大吸光度对应于B点的A_2。

若配合物的解离度为α，则

$$\alpha = \frac{A_1 - A_2}{A_1}$$

1:1型配合物的稳定常数$K^{\ominus}$可由下列平衡关系导出：

$$\begin{array}{lccc} & M & + \quad R \rightleftharpoons & MR \\ \text{开始} & 0 & 0 & c \\ \text{平衡} & c\alpha & c\alpha & c(1-\alpha) \end{array}$$

$$K^{\ominus} = \frac{c(\text{MR})/c^{\ominus}}{[c(\text{M})/c^{\ominus}] \cdot [c(\text{R})/c^{\ominus}]} = \frac{1-\alpha}{c\alpha^2}$$

式中$c^{\ominus}$为标准浓度，即$1\text{mol} \cdot \text{L}^{-1}$。$c$是溶液内MR的起始浓度，即当$\frac{n(\text{M})}{n(\text{M}) + n(\text{R})} =$ 50%时，其值相当于溶液中金属离子或配位体的起始浓度的一半。这样计算得到的稳定常数是表观稳定常数，如果要测定热力学常数，还要考虑弱酸的解离平衡，对“酸效应”进行校正。

三、实验用品

试剂：$0.001\ 00\ \text{mol} \cdot \text{L}^{-1}\ NH_4Fe(SO_4)_2$，$0.001\ 00\ \text{mol} \cdot \text{L}^{-1}$磺基水杨酸，$0.010\ \text{mol} \cdot \text{L}^{-1} HClO_4$，广泛pH试纸。

仪器：722S型分光光度计，100 mL容量瓶，5mL烧杯，10 mL吸量管。

四、实验步骤

（1）用三支吸量管按表6-18列出的体积，分别吸取$0.010\ 0\ \text{mol} \cdot \text{L}^{-1} HClO_4$溶液，$0.001\ 00\ \text{mol} \cdot \text{L}^{-1}\ Fe^{3+}$溶液 和$0.001\ 00\ \text{mol} \cdot \text{L}^{-1}$磺基水杨酸溶液，一一注入11只50 mL烧杯中，混合均匀。

（2）最大吸收波长的测定用1 cm比色皿、以蒸馏水为空白、6号容量瓶中的溶液为测定液，在400~600 nm之间，每隔10 nm测定一次吸光度，在最大吸收峰附近，每隔5 nm测定一次吸光度。在坐标纸上，以波长λ为横坐标，吸光度A为纵坐标，绘制$A \sim \lambda$关系的吸收曲线。从吸收曲线上确定配合物的最大吸收波长λ_{max}。

（3）测定系列溶液的吸光度。以最大吸收波长λ_{max}作入射光，采用1 cm的比色皿，以蒸馏水为空白，用722S型分光光度计，测定一系列混合物溶液的吸光度A，并记录于表6-18中。

五、数据记录及结果处理

数据记录及结果处理见表6-18。

表 6-18　测定一系列混合物溶液的吸光度 A

序号	$HClO_4$溶液/mL		Fe^{3+}溶液/mL	H_3R 溶液/mL	H_3R 摩尔分数	吸光度
1	10.0		10.0	0.0		
2	10.0		9.0	1.0		
3	10.0		8.0	2.0		
4	10.0		7.0	3.0		
5	10.0		6.0	4.0		
6	10.0		5.0	5.0		
7	10.0		4.0	6.0		
8	10.0		3.0	7.0		
9	10.0		2.0	8.0		
10	10.0		1.0	9.0		
11	10.0		0.0	10.0		

（1）以体积比$\frac{V(Fe^{3+})}{V(Fe^{3+})+V(R)}$为横坐标，对应的吸光度 A 为纵坐标作图。

（2）从图上的有关数据，确定在本实验条件下，Fe^{3+}与磺基水杨酸形成的配合物组成。

（3）求出 α 和表观标准稳定常数 $K^{\ominus}$。

六、注意事项

（1）烧杯要洗净干燥后方可使用。

（2）吸量管是公用的，要看清楚标签，不能交叉使用。

（3）$HClO_4$可以用 HCl、HNO_3、H_2SO_4、HAC 代替，但其浓度要进行相应的换算。

七、思考与讨论

（1）用等物质的量系列测定配合物组成时，为什么溶液中金属离子的物质的量与配位体的物质的量之比正好与配合物组成相同时，配合物的浓度最大？

（2）本实验中，为何能用体积比$\left(\frac{V(Fe^{3+})}{V(Fe^{3+})+V(R)}\right)$代替物质的量的比为横坐表作图？

（3）若入射光不是单色光，能否准确测出配合物的组成与稳定常数？

实验十八　水热法制备八面体四氧化三铁

一、目的要求

（1）巩固分析天平的使用操作技术。

（2）练习使用磁力搅拌器、烘箱、离心机、水热反应釜等水热反应中常用到的仪器。

（3）学习水热反应中常用的洗涤、干燥等操作。

（4）学习水热法制备四氧化三铁的基本原理及方法。

二、实验原理

水热法最初是用于地质中描述地壳中的水在温度和压力联合作用下的自然过程，后来被用于制备纳米陶瓷粉末。近年来被广泛应用于制备各种形貌的微纳米材料。水热法是指在高温、高压反应环境中（通常是在水热合成反应釜中），采用水作为反应介质，使得通常难溶或不溶的物质溶解并进行重结晶。水热法具有反应条件温和、污染小、成本较低、易于商业化、产物结晶好、纯度高等特点。

在常温常压下一些从热力学分析看可以进行的反应，往往因反应速度极慢，以至于在实际上没有价值，但在水热条件下却可能使反应得以实现。这主要因为在水热条件下，水的物理化学性质（与常温常压下的水相比）将发生下列变化：①蒸汽压升高；②黏度和表面张力降低；③介电常数降低；④离子积增大；⑤密度减小；⑥热扩散系数升高等。在水热反应中，水既可作为一种化学组分起作用并参与反应，又可是溶剂和膨化促进剂，同时又是压力传递介质，通过加速渗透反应和控制其过程的物理化学因素，实现无机化合物的形成和改进。

本实验中，以亚铁氰化钾［$K_4Fe(CN)_6$］为铁源，氢氧化钠和硫代硫酸钠作为共同反应物，在水热反应条件下制备八面体四氧化三铁。

三、仪器与试剂

仪器：水热反应釜（25 mL），恒温干燥箱，离心机，离心试管，分析天平。

试剂：亚铁氰化钾（AR），NaOH（AR），硫代硫酸钠（AR），去离子水，无水乙醇。

四、实验步骤

1. 实验前准备工作

（1）将水热反应釜的聚四氟乙烯内衬取出，放在20%的稀硝酸溶液中浸泡12 h以上，取出用自来水冲洗干净，然后用蒸馏水润洗，放在60 ℃烘箱中干燥，备用。

注意：为保证反应釜的安全使用，内衬和不锈钢外壳应配套使用，使用前应该标号，不能搞混了，包括内衬的盖子也要标号。

（2）打开恒温干燥箱，将温度设为200 ℃。

2. 反应液的配制（两人一组）

（1）分析天平称取0.422 g亚铁氰化钾置于干净的小烧杯中，加入30 mL去离子水，搅拌溶解。

（2）电子天平称取0.4 g氢氧化钠，加入上述溶液中，搅拌溶解。

（3）分析天平称0.372 g硫代硫酸钠，加入上述混合溶液中，搅拌至溶解。

3. 装釜

将配好的反应液装入两个聚四氟乙烯内衬中，填充率为80%，切记，不可将内衬装满。盖上盖子，将内衬放入不锈钢外壳，拧紧盖子，放入已升温至200 ℃的恒温干燥箱内，保温90 min。

4. 收集产品

反应釜自然冷却至室温后，将内衬取出，先将上层清液倾倒弃去，然后加入适量去离子水搅拌，将混合液转入离心试管中，离心，用去离子水洗涤三次，再用无水乙醇洗涤三次后（洗涤用乙醇倒入指定容器），将产物及离心试管一同放入60 ℃恒温干燥箱中，干燥6 h，收集黑色粉末，待测。

5. 确定产物的物相

将产品分别进行X射线粉末衍射（XRD）和扫描电镜（SEM）测试，确定产物的物相以及形貌。

五、注意事项

（1）称量需在分析天平上进行，并做好记录。

（2）将反应釜内衬和不锈钢外壳标号，装釜时请“对号入座”。

（3）为保证安全性，聚四氟乙烯内衬的填充率不能过大，一般80%即可。

（4）反应釜放入烘箱前务必检查不锈钢外壳是否拧紧，必要时可借助工具。

（5）冷却至室温后，请将反应釜转移至通风橱，再打开反应釜。

六、思考与讨论

（1）本实验以$K_4Fe(CN)_6$作为铁源，加入氢氧化钠和硫代硫酸钠，为什么能得到四氧化三铁？

（2）装釜时，为什么溶液不能装满？

实验十九 含铬废水的处理

一、实验目的

（1）了解化学还原法处理含铬废水的原理和方法。

（2）学习用目视比色法测定废水中Cr（Ⅵ）的含量。

二、实验原理

铬是毒性较高的元素，未经过处理的含铬废水直接排放，会造成水体以及土壤污染，同时又由于铬元素易在动物体内富集，因此影响动物的生存，更重要的是对人类健康构成严重威胁。含铬废水主要来源于冶金、电镀、制革、印染等工业，以 $Cr_2O_7^{2-}$、CrO_4^{2-} 形成的 Cr（Ⅵ）和 Cr（Ⅲ）存在，其中 Cr（Ⅵ）毒性最大，能引起贫血、肾炎、神经炎、皮肤溃疡，甚至引起基因突变，致癌。由于 Cr（Ⅵ）的毒性比 Cr（Ⅲ）大得多，因此处理含铬废水的基本原则是先将 Cr（Ⅵ）还原为 Cr（Ⅲ），然后再将其除去。

对含铬废水的处理方法有离子交换法、电解法、化学还原法等，本实验采用铁氧体化学还原法（亦简称铁氧体法）。所谓铁氧体是指具有磁性的 Fe_3O_4 中的 Fe^{2+}、Fe^{3+} 离子，部分地被与其离子半径相近的其他 +2 或 +3 价金属离子（如 Cr^{3+}、Mn^{2+} 等）所取代而形成的、以铁为主体的复合型氧化物。

在酸性介质中将 Cr（Ⅵ）全部还原成 Cr（Ⅲ），然后调节溶液的 pH 值，使溶液中的 Cr^{3+}、Fe^{2+}、Fe^{3+} 共同生成沉淀，以达到从溶液中除去 Cr（Ⅵ）的目的。其步骤是在酸性的含铬废水中加入过量的还原剂 $FeSO_4$，使 Cr（Ⅵ）与 Fe^{2+} 发生如下氧化还原反应：

$$Cr_2O_7^{2-} + 6\,Fe^{2+} + 14\,H^+ = 2\,Cr^{3+} + 6\,Fe^{3+} + 7\,H_2O$$

反应结束后加入适量碱液，调节溶液的 pH 值，使 Cr^{3+}、Fe^{2+}、Fe^{3+} 转化成相应的氢氧化物沉淀：

$$Fe^{3+} + 3\,OH^- = Fe(OH)_3\downarrow$$

$$Fe^{2+} + 2\,OH^- = Fe(OH)_2\downarrow$$

$$Cr^{3+} + 3\,OH^- = Cr(OH)_3\downarrow$$

然后加入 H_2O_2 或通入空气搅拌，将 Fe（Ⅱ）部分氧化成 Fe（Ⅲ），当形成的 $Fe(OH)_2$ 和 $Fe(OH)_3$ 量的比例为 1:2 左右时，可生成类似于 $Fe_3O_4 \cdot xH_2O$ 的磁性氧化物（铁氧体），其组成可写成 $Fe^{II}Fe_2^{III}O_4 \cdot xH_2O$，其中部分 Fe（Ⅲ）可被 Cr（Ⅲ）取代，使 Cr（Ⅲ）成为铁氧体的组成部分而沉淀下来，从而可以从水相中分离除去。

含铬铁氧体是一种磁性材料，可以应用于电子工业中。

铁氧体法处理含铬废水效果好、投资少、简单易行、沉渣量少且稳定，既能保护环境，又能回收利用资源。

水溶液中铬的含量，可以用分光光度法或比色法测定，本实验以比色法测定。

其原理是：Cr（Ⅵ）在酸性介质中与二苯碳酰二肼（DPC）反应生成紫红色的配合物，该配合物溶于水，其溶液颜色对光的吸收程度与 Cr（Ⅵ）的含量成正比，因此只要把样品溶液的颜色与标准系列的颜色比较（目视比较）或用分光光度计测出其吸光度，就能确定样品中 Cr（Ⅵ）的含量。

如果水中有 Cr（Ⅲ），可在酸性条件下用 $KMnO_4$ 将 Cr（Ⅲ）氧化成 Cr（Ⅵ），然后再测定。

本法很灵敏，Cr（Ⅵ）的最低检出浓度可达 0.01 $mg \cdot L^{-1}$。Fe^{3+} 离子的存在会产生干扰，因 Fe^{3+} 与显色剂会生成黄色或黄紫色化合物，可以加入 H_3PO_4，使 Fe^{3+} 生成无色 $[Fe(PO_4)_3]^{6-}$ 而排除干扰。

三、实验用品

试剂：二苯碳酰二肼溶液（0.5 gDPC 溶于 50 mL 95% 的乙醇，加入 200 mL 10% H_2SO_4），Cr（Ⅵ）标准溶液（含 Cr 0.010 0 mg · mL^{-1}），10% $FeSO_4$，6 mol · L^{-1}NaOH，6 mol · $L^{-1}H_2SO_4$，硫磷混酸（体积比 H_2SO_4:H_3PO_4:H_2O =15:15:70），3% H_2O_2，含铬废水，标准铬 Cr（Ⅵ）贮备液，pH 试纸。

仪器：电子天平，电炉，25 mL 比色管，漏斗，（250 mL，100 mL）烧杯，温度计，10 mL 移液管，蒸发皿，滴管，100 mL 容量瓶 2 个。

四、实验步骤

1. 含铬废水的处理

（1）取 100 mL 含铬废水于 250 mL 烧杯中，不断搅拌下滴加 6 mol · L^{-1} H_2SO_4调节 pH 小于 1，在不断搅拌下滴加 10% 的 $FeSO_4$溶液，直至废水液颜色由浅蓝色变为亮绿色为止。

（2）将溶液加热至 70 ~ 80 ℃，往烧杯中滴加 6 mol · L^{-1}NaOH 溶液，调节溶液的 pH = 8 ~ 9，使 Fe^{3+}、Cr^{3+}、Fe^{2+}形成氢氧化物沉淀，沉淀应为墨绿色。

（3）在不断搅拌下滴加 3% $H_2O_2$6 ~ 8 滴，使沉淀刚好呈现棕色即止，再充分搅拌后冷却静置，使沉淀沉降。

（4）将部分上层清液用普通漏斗过滤至干净、干燥的小烧杯中，用于测定处理后水中 Cr 含量，滤液体积 30 ~ 50 mL。

（5）余下的溶液及沉淀减压抽滤，弃去滤液，滤渣用去离子水洗涤数次，除去 Na^+、K^+、$SO_4{}^{2-}$等离子，然后将沉淀转移到蒸发皿中，用小火加热，并不断搅拌沉淀，使水分蒸发至干。待冷却后，将沉淀物均匀地摊在干净白纸上，另用纸将磁铁裹住，与沉淀接触，检查沉淀物的磁性。

2. 溶液中铬含量的测定——比色法

1）配制 Cr（Ⅵ）溶液标准系列

（1）用 10 mL 移液管准确量取 10 mL 标准 Cr（Ⅳ）贮备液于 100 mL 容量瓶中，用去离子稀释至刻度，此标准液含 Cr（Ⅳ）0.01 mg · mL^{-1}。

（2）用吸量管分别准确移取含 Cr（Ⅳ）0.01 mg · mL^{-1}标准液 0.00、0.50、1.00、1.50、2.00、2.50 mL，分别注入 25 mL 比色管中，编号依次为 1 ~ 6，用量筒向每支比色管中分别依次加入 10 mL 去离子水，1 mL 硫磷混酸，3 mL 二苯碳酰二肼溶液，最后用去离子水冲洗管口并稀释至刻度，盖好塞子并摇匀。此时管中 Cr（Ⅵ）含量分别约为 0.00，0.20，0.40，0.60，0.80，1.00 mg · L^{-1}。

2）处理前废水中 Cr（Ⅵ）含量测定

（1）用吸量管取 2.00 mL 含 Cr（Ⅵ）废水放入 100 mL 容量瓶中，加去离子水稀释至刻度，摇匀，得稀释后废水。

（2）用吸量管分别准确移取 1.00 mL 步骤 2）中（1）所得稀释 50 倍的处理前废水，于 25 mL 比色管中依次加入 1 mL 硫磷混酸、3 mL 二苯碳酰二肼溶液，加去离子水稀释至刻度后摇匀，10 分钟后与 Cr（VI）标准系列进行颜色对比，目测并记录溶液的 Cr（Ⅵ）含量。并根据稀释倍数计算处理前水中 Cr（Ⅵ）含量。

3）处理后废水中 Cr（Ⅵ）含量测定

用吸量管准确移取 10 mL 处理后废水（实验 1（4）滤液）于 25 mL 比色管中，依次加入 1 mL 硫磷混酸、3 mL 二苯碳酰二肼溶液，加去离子水稀释至刻度后摇匀，10 分钟后与 Cr（Ⅵ）标准系列进行比色，并根据稀释倍数计算处理后废水中 Cr（Ⅵ）含量。

判断处理后的废水是否达到国家排放标准。

五、实验注意事项

（1）处理含铬废水时调 pH 值很重要。

（2）二苯碳酰二肼溶液注意在冰箱低温中、用棕色瓶避光保存，溶液应无色，若呈现微红色则不能使用。最好现用现配。

（3）若无工业含铬废水，可取 1.5 g $K_2Cr_2O_7$ 溶于 1 000 mL 自来水中（此溶液含 Cr（Ⅵ）为 0.53 mg · mL^{-1}）即可。

（4）为使 Cr（Ⅵ）还原完全，Fe^{2+} 需适当过量，一般 Cr（Ⅵ）含量越低，Fe^{2+} 过量应越多；但 Fe^{2+} 过量也不宜太多，因 Fe^{2+} 干扰 Cr（Ⅵ）的比色测定。

六、思考与讨论

（1）处理废水中，为什么先要加 6 mol · L^{-1} H_2SO_4 调节 pH 到 1，而后为什么又要加 6 mol · L^{-1} NaOH 溶液调整 pH = 8 左右，如果 pH 控制不好，会有什么不良影响？

（2）如果加入 $FeSO_4$ 量不够，会怎样？

第7章 综合和设计实验

实验二十 硫酸亚铁铵的制备及亚铁离子含量测定

一、实验目的

（1）探究硫酸亚铁铵制备的最佳条件。

（2）体验化学反应条件确立过程。

（3）进一步练习水浴加热、蒸发、浓缩等基本操作。

（4）了解用目视比色法检验产品中杂质含量的常用方法。

（5）学习硫酸亚铁铵含量的测定方法。

二、实验原理

铁屑与稀硫酸作用，制得硫酸亚铁：

$$Fe + H_2SO_4 = FeSO_4 + H_2\uparrow$$

然后用制得的硫酸亚铁与硫酸铵作用，便可生成溶解度较小的硫酸亚铁铵复盐：

$$FeSO_4 + (NH_4)_2SO_4 + 6H_2O = FeSO_4 \cdot (NH_4)_2SO_4 \cdot 6H_2O$$

在硫酸亚铁与硫酸铵的制备过程中，可通过对铁的用量、酸的浓度、反应温度、结晶温度等条件的探究，得出硫酸亚铁铵制备的最佳条件（从产品纯度、产率、成本等因素考量）。

目视比色法是确定杂质含量的一种常用方法，在确定杂质含量后便能定出产品的级别。方法是：将产品配成溶液后，与标准色阶进行比色，如果产品溶液的颜色比某一标准溶液的颜色浅，就确定杂质含量低于该标准溶液中的含量，即低于某一规定的限度，所以这种方法又称为限量分析。

本实验产品的主要杂质是 Fe^{3+}，Fe^{3+} 与 KSCN 反应生成血红色配离子，用目视比色法比较颜色的深浅，可以确定其产品含铁的级别。

以 $K_2Cr_2O_7$ 为氧化剂，采用氧化还原法测定硫酸亚铁铵的含量。

三、实验用品

试剂：3.0 $mol \cdot L^{-1}$ H_2SO_4，2.0 $mol \cdot L^{-1}$ HCl，1.0 $mol \cdot L^{-1}$ Na_2CO_3，1.0 $mol \cdot L^{-1}$ KSCN，0.2 $mol \cdot L^{-1}$ $K_2Cr_2O_7$ 标准溶液，固体 $(NH_4)_2SO_4$，$(NH_4)_2SO_4 \cdot FeSO_4 \cdot 6H_2O$，95%乙醇，铁屑，二苯胺磺酸钠指示剂试亚铁灵指示剂。

仪器：台秤，水循环式真空泵，抽滤瓶，滴定管，锥形瓶。

四、实验步骤

1. 硫酸亚铁制备的条件探究

1）铁粉用量的探究（其他条件恒定）

取4个150 mL锥形瓶，各加入15 mL 3 mol·L^{-1}硫酸，在锥形瓶中分别加入不同量的铁粉，置于水浴中加热反应。反应后期补充水分，保持溶液原有体积，直至不再反应为止。趁热过滤，观察滤液颜色，用pH试纸测其滤液的pH值。从4份滤液中取其等量的滤液于4个试管中，并加入等量的KSCN溶液，摇匀，观察溶液颜色，将实验现象记录在表7-1中。

表7-1　铁粉用量探究

序号	铁粉质量/g	酸用量/mL	滤液颜色	加入KSCN后试管溶液颜色
1	1.5	20		
2	2.0			
3	2.5			
4	3.0			

从表7-1中得出结论。

2）酸浓度的探究（其他条件恒定）

取4个150 mL锥形瓶，各加入2 g铁粉，在锥形瓶中分别加入不同量的硫酸，再加入适量的水，使其溶液总体积相同，然后置于水浴中加热反应。反应后期补充水分，保持溶液原有体积，直至不再反应为止。趁热过滤，观察滤液颜色，用pH试纸测其滤液的pH值。从4份滤液中取其等量的滤液于4个试管中，并加入等量的HCl及KSCN溶液，摇匀，观察溶液颜色，将实验现象记录在表7-2中。

表7-2　酸浓度探究

序号	酸/mL+水量/mL	铁粉质量/g	滤液颜色	加入KSCN后试管溶液颜色
1	8.0+12.0	2.0		
2	12.0+8.0			
3	15.0+5.0			
4	20.0+0.0			

从表7-2中得出结论。

3）反应温度的探究（其他条件恒定）

取4个150 mL锥形瓶，各加入2 g铁粉，20 mL 3 mol·L^{-1} H_2SO_4，然后置于不同水浴温度中加热反应。反应后期补充水分，保持溶液原有体积，直至不再反应为止。趁热过滤，观察滤液颜色。从4份滤液中取其等量的滤液于4个试管中，并加入等量的HCl及KSCN溶液，摇匀，观察溶液颜色，将实验现象记录在表7-3中。

表 7－3 反应温度探究

序号	反应温度/℃	滤液颜色	加入 KSCN 后试管溶液颜色
1	55		
2	70		
3	85		
4	100		

从表 7－3 中得出结论。

根据上面的实验结果，归纳出硫酸亚铁制备的最佳条件。

2. 硫酸亚铁铵制备的条件探究（冷却结晶时温度的探究）

将抽滤瓶中的硫酸亚铁溶液转入蒸发皿。根据反应用去的铁、硫酸的量，按反应式中的计量关系，计算出所需 $(NH_4)_2SO_4$的质量。称取计算出的 $(NH_4)_2SO_4$的质量，加入到硫酸亚铁的溶液中，加热搅拌促使溶解。若有硫酸铵固体溶解不完全，可以加入少量的水，确保溶解完全。用 pH 试纸测其溶液的 pH 值，用 H_2SO_4调节酸度，确保溶液 pH 值为 1～2。将调节好 pH 值的溶液置于水浴上蒸发浓缩至出现晶膜为止（浓缩过程中，不要搅拌溶液）。置于不同温度环境中冷却结晶。观察晶体的形状、颜色及析出晶体所需时间。

当有大量硫酸亚铁铵晶体析出后，减压过滤至干。再用 5 mL 乙醇溶液淋洗晶体，以除去晶体表面的水分。继续抽干，将晶体转移至一张干燥干净的滤纸上，再取一张滤纸覆盖在晶体上，轻轻挤压，吸去表面残留母液。将晶体转移至称量纸上，称其质量，并计算产率。结果记录于表 7－4 中。

表 7－4 结晶温度探究

序号	1	2	3	4
结晶温度/℃	0（冰水）	自来水	室温	30 水浴
形状、颜色				
结晶时间				
质量/g、产率/%				

把硫酸亚铁制备的最佳条件和硫酸亚铁铵析出晶体时的最佳析出温度归纳到一起，便是硫酸亚铁铵制备的最佳条件。

3. Fe^{3+}的限量分析

用烧杯将蒸馏水煮沸 5 min，以除去溶解的氧，盖好，冷却后备用。称取 1.0 g 产品，置于比色管中，加入 10.0 mL 备用的蒸馏水溶解之，再加入 2.0 mL 3.0 mol · L^{-1}HCl 溶液和 0.5 mL 1.0mol · L^{-1} KSCN 溶液，用备用蒸馏水稀释至 25.00 mL，摇匀。与标准色阶进行目视比色，以确定产品等级。

4. 硫酸亚铁铵含量的测定

方法一（$KMnO_4$法）

分析天平准确称取0.15～0.2 g制得的（$(NH_4)_2SO_4 \cdot FeSO_4 \cdot 6H_2O$于锥形瓶中，加入5 mL 3 mol · L^{-1}硫酸及20 mL去离子水，试样溶解后，用$KMnO_4$标准溶液滴定至溶液呈现微红色，30 s不褪即为终点，记下滴定体积。平行三次。根据下式计算硫酸亚铁铵的含量。

$$w = \frac{5cVM}{m} \times 100\%$$

其中 V—消耗高锰酸钾标准溶液的体积（mL）；

c—高锰酸钾标准溶液浓度；

M—硫酸亚铁铵溶液的摩尔质量（g · mol^{-1}）；

m—所取硫酸亚铁铵试样的质量（g）。

方法二（$K_2Cr_2O_7$法）

（1）0.02 mol · L^{-1} $K_2Cr_2O_7$标准溶液的配制。

在分析天平上准确称取0.88～0.90 g $K_2Cr_2O_7$于150 mL烧杯中，加约30 mL蒸馏水溶解，定量转移至150 mL容量瓶中，稀释至刻度，摇匀。

（2）测定含量。

用分析天平准确称取0.8～1.2 g的产品$FeSO_4 \cdot (NH_4)_2SO_4 \cdot 6H_2O$于锥形瓶中，加入100 mL蒸馏水及20 mL 3 mol · L^{-1}硫酸，滴加6～8滴二苯胺磺酸钠指示剂，用$K_2Cr_2O_7$标准溶液滴定至溶液出现绿色时，加入5 mL 85% H_3PO_4，继续滴定至溶液呈现蓝紫色即为终点。记录消耗$K_2Cr_2O_7$的体积，平行测定三次。根据下式计算硫酸亚铁铵中铁的含量。

$$w = \frac{cVM}{m} \times 100\%$$

其中 V—消耗重铬酸钾标准溶液的体积（mL）；

c—重铬酸钾标准溶液浓度；

M—硫酸亚铁铵溶液的摩尔质量（g · mol^{-1}）；

m—所取硫酸亚铁铵试样的质量（g）。

五、数据记录与结果处理

数据记录与结果处理见表7－5和表7－6。

表7－5 硫酸亚铁铵制备及测定数据记录表

反应用去的铁质量/g	$(NH_4)_2SO_4$饱和溶液		$FeSO_4 \cdot (NH_4)_2SO_4 \cdot 6H_2O$				
	$(NH_4)_2SO_4$/g	H_2O/mL	理论产量（g）	实际产量/g	产率/%	级别	含量

表 7-6　以 $KMnO_4$ 标准溶液滴定 $FeSO_4 \cdot (NH_4)_2SO_4 \cdot 6H_2O$

测定序号	1	2	3
样品质量 m/ g			
$c(KMnO_4)$/mol·L^{-1}			
$KMnO_4$终体积/mL			
$KMnO_4$初体积/mL			
$V(KMnO_4)$/mL			
$W[FeSO_4 \cdot (NH_4)_2SO_4 \cdot 6H_2O]$ /%			
W 平均值/%			
相对平均偏差			

六、注意事项

$KMnO_4$溶液颜色深，读数时读液面最上沿。

七、思考与讨论

（1）为什么硫酸亚铁溶液和硫酸亚铁铵溶液都要保持较强的酸性？

（2）为什么硫酸亚铁制备时放在锥形瓶中进行？

（3）进行目视比色时，为什么要用煮沸冷却后的蒸馏水来配制溶液？

（4）制备硫酸亚铁铵时，为什么采用水浴加热法？

备注：

不同等级 Fe^{3+} 标准溶液的配制：移液管依次移取 0.010 mg·mL^{-1} Fe^{3+} 标准溶液 0.50 mL、1.00 mL、2.00 mL 分别放入三支 25 mL 比色管，然后各加入 3 mol·L^{-1} H_2SO_4 溶液 1.00 mL 和 1 mol·L^{-1} KSCN 溶液 1.00 mL，用除氧去离子水稀释至刻度摇匀。

表 6-22　不同等级 $FeSO_4 \cdot (NH_4)_2SO_4 \cdot 6H_2O$ Fe^{3+} 的含量

规格	一级	二级	三级
含 Fe^{3+} 质量/mg	0.05	0.1	0.2

实验二十一　纯碱的制备及含量分析

一、实验目的

（1）掌握制备碳酸钠的方法，学习灼烧操作。

（2）巩固浓缩、结晶、滴定等基本操作。

二、实验原理

碳酸钠又名苏打，工业上叫做纯碱，用途广泛。工业上一般应用联合制碱的方法，将

NH_3和 CO_2 混合通入 NaCl 溶液中，先生成 $NaHCO_3$，经灼烧生成 Na_2CO_3。具体化学反应如下：

$$NH_3 + CO_2 + H_2O + NaCl = NaHCO_3 \downarrow + NH_4Cl$$

$$2NaHCO_3 = Na_2CO_3 + CO_2 \uparrow + H_2O$$

我国化学家侯德榜对联合制碱法进行了优化，他针对 NH_3和 CO_2 利用率不高的情况，将副产品 NH_4Cl 再次与 NaCl 溶液反应，通入 CO_2 便又生成 $NaHCO_3$，提高了原料的利用率。

在本实验中，用 NH_4HCO_3代替工业生产中的 NH_3和 CO_2 制备 $NaHCO_3$，反应为：

$$NH_4HCO_3 + NaCl = NaHCO_3 \downarrow + NH_4Cl$$

在溶液中发生了复分解反应，由于相同温度下 $NaHCO_3$溶解度最小（见表 7－8），$NaHCO_3$首先析出，使反应向右移动。所以，控制一定温度，可使反应向生成 $NaHCO_3$的方向进行。

表 7－8　五种盐的溶解度表　　$g/100g\ H_2O$

盐 \ 温度/℃	10	20	30	40	60
NaCl	35.8	35.9	36.1	36.4	37.1
NH_4HCO_3	16.1	21.7	28.4	—*	—*
NH_4Cl	33.2	37.2	41.4	45.8	55.3
$NaHCO_3$	8.1	9.6	11.1	12.7	16.0
Na_2CO_3	12.5	21.5	39.7	49.0	46.0

*表示 NH_4HCO_3分解。

由表可知，温度大于40 ℃时，NH_4HCO_3会分解，若温度低于30 ℃，反应速率较慢。本实验就是利用各种盐类在不同温度下溶解度的差异，根据溶解度不同通过复分解反应使 $NaHCO_3$析出。因此温度一般控制在 30～35 ℃之间。

用滴定法分析产品纯度。以酚酞为指示剂，用标准 HCl 溶液滴定 Na_2CO_3溶液，其反应如下：

$$H^+ + CO_3^{2-} = HCO_3^-$$

滴定至终点红色转化为无色，根据 HCl 用量计算 Na_2CO_3纯度。

三、仪器和药品

药品： NH_4HCO_3(s)，HCl(6 mol·L^{-1})，HCl(标准溶液)，NaOH(2 mol·L^{-1})，Na_2CO_3(1 mol·L^{-1})混合溶液，$BaCl_2$(1 mol·L^{-1})。

仪器： 电子天平，坩埚，布氏漏斗，抽滤瓶，锥形瓶，滴定管。

四、实验步骤

1. 粗盐纯化

取5 g粗盐，在50 mL烧杯中用17 mL水加热至溶解，加入1.0 mol·L^{-1} $BaCl_2$溶液1～2 mL，加热至沸腾，冷却，抽滤。母液中加入2～4 mL 2 mol·L^{-1}NaOH和1 mol·$L^{-1}$$NaCO_3$混合溶液，煮沸2～3 min，冷却抽滤；用6 mol·L^{-1}的HCl溶液调节滤液pH=7（如果用精盐，则取4 g，加17 mL蒸馏水溶解，然后直接由步骤2开始试验）。

2. 制备 $NaHCO_3$

将滤液置于30～35 ℃水浴中，在不断搅拌的情况下分5～6次加入6 g研细的NH_4HCO_3固体粉末，随着NH_4HCO_3的加入，不断有白色沉淀（$NaHCO_3$）析出。搅拌至少30 min，保证充分反应，静置，抽滤，得到$NaHCO_3$固体，用少量水淋洗。抽干，称量。母液回收（可制备NH_4Cl）。

3. 制备 Na_2CO_3

将所得到固体转移至蒸发皿中烤干，然后转移至坩埚中，灼烧30 min，冷却，称量。

4. 纯度试验

在分析天平上准确称量0.20～0.29 g产品两份，分别置于锥形瓶中，用25 mL水溶解，分别加2滴酚酞指示剂，用标准HCl溶液滴至红色刚好退去，记录V_{HCl}，根据下列公式计算产品纯度w（Na_2CO_3）%：

$$w=[c(HCl)V(HCl)M(Na_2CO_3)/G]\times 100\%$$

式中　$c(HCl)$和$V(HCl)$——HCl标准溶液的浓度和用量，单位分别取mol·L^{-1}和dm^3；

$M(Na_2CO_3)$——Na_2CO_3的摩尔质量（g·mol^{-1}）；

G——称取产品质量（g）。

五、问题与讨论

（1）以NaCl、NH_4HCO_3、NH_4Cl、$NaHCO_3$、Na_2CO_3这五种盐在不同温度的溶解度考虑，为什么NaCl和NH_4HCO_3不直接生成Na_2CO_3？

（2）粗盐为何要精制？

（3）在制取$NaHCO_3$时，为什么温度要控制在30～35 ℃之间？

（4）试验中用HCl滴定Na_2CO_3为何不生成H_2CO_3而生成$NaHCO_3$？

实验二十二　明矾晶体的制备及组成分析

一、实验目的

（1）巩固对铝和氢氧化铝两性的认识，掌握复盐晶体的制备方法。

（2）掌握 $KAl(SO_4)_2 \cdot 12H_2O$ 大晶体的培养技能。

（3）掌握明矾产品中 Al 含量的测定方法。

二、实验原理

1. 明矾晶体的制备原理

铝屑溶于浓氢氧化钾溶液，生成四羟基合铝（Ⅲ）酸钾 $K[Al(OH)_4]$，用稀 H_2SO_4 调节溶液的 pH 值，将其转化为氢氧化铝，使氢氧化铝溶于硫酸，溶液浓缩后经冷却有较小的同晶明矾 $[KAl(SO_4)_2 \cdot 12H_2O]$。小晶体经过数天的培养，明矾则以大块晶体结晶出来。制备中的化学反应如下：

$$2Al + 2KOH + 6H_2O = 2K[Al(OH)_4] + 3H_2 \uparrow$$

$$2K[Al(OH)_4] + H_2SO_4 = 2Al(OH)_3 \downarrow + K_2SO_4 + 2H_2O$$

$$2Al(OH)_3 + 3H_2SO_4 = Al_2(SO_4)_3 + 6H_2O$$

$$Al_2(SO_4)_3 + K_2SO_4 + 24H_2O = 2KAl(SO_4)_2 \cdot 12H_2O$$

废铝→溶解→过滤→酸化→浓缩→结晶→分离$\xrightarrow{\text{明矾}}$单晶培养→明矾单晶

2. 明矾产品中 Al 含量的测定原理

采用配位滴定法测定产品中的 Al 含量。Al^{3+} 容易水解，与 EDTA 反应较慢，且对二甲酚橙指示剂有封闭作用，故一般采用返滴定法测定。即先调节溶液的 pH = 3 ~ 4，加入过量的 EDTA 标准溶液，煮沸使 Al^{3+} 与 EDTA 配位完全，然后用标准 Zn^{2+} 溶液返滴定过量的 EDTA。

三、实验用品

试剂： 1∶3HCl，1∶1 氨水， 6 $mol \cdot L^{-1} H_2SO_4$，KOH(s)，Al 屑，pH 试纸，0.02 $mol \cdot L^{-1}$ EDTA，0.02 $mol \cdot L^{-1} Zn^{2+}$，0.2 $g \cdot L^{-1}$ 二甲酚橙指示剂，20% 六次甲基四胺溶液。

仪器： 250 mL 烧杯，50 mL、10 mL 量筒各 1 只，布氏漏斗，抽滤瓶，蒸发皿，电子天平，电炉，循环水真空泵，分析天平，250 mL 容量瓶，25 mL 移液管，250 mL 锥形瓶，酸式滴定管。

四、实验步骤

1. 明矾晶体的制备

取 50 mL 2 $mol \cdot L^{-1}$ KOH 溶液，分多次加入 2 g 铝屑，至不再有气泡产生，反应完毕。加入去离子水，使体积约为 80 mL，趁热抽滤。

将滤液转入 250 mL 烧杯中，加热至沸，在不断搅拌下，滴加 6 $mol \cdot L^{-1} H_2SO_4$，使溶液的 pH 值为 8 ~ 9，继续搅拌煮沸数分钟。将沉淀静置陈化，减压过滤，并用沸水洗涤沉淀，直到洗涤液 pH 值降至 7 左右。

将 $Al(OH)_3$ 沉淀转入烧杯，加入 20 mL 6 mol · L^{-1} H_2SO_4 溶液，水浴加热至沉淀完全溶解，得到 $Al(SO_4)_2$ 溶液。

将 $Al_2(SO_4)_3$ 溶液与 6.5 g K_2SO_4 配成的饱和溶液相混合。搅拌均匀，充分冷却后，减压抽滤，尽量抽干，产品即为 $KAl(SO_4)_2 \cdot 12H_2O$，称重，计算产率。

2. 明矾透明单晶的培养

1）籽晶的生长和选择

根据 $KAl(SO_4)_2 \cdot 12H_2O$ 的溶解度，称取 10 g 自制明矾，加入适量的水，加热溶解，然后放在不易振动的地方，烧杯口上架一玻璃棒，然后在烧杯口上盖一块滤纸，以免灰尘落下，放置一天，杯底会有小晶体析出，从中挑选出晶型完整的籽晶待用，同时过滤溶液，留待后用。

2）晶体的生长（可课下操作）

取一根棉线，棉线上涂抹凡士林，以防结晶长在线上。用棉线把籽晶系好，缠在玻璃棒上悬吊在已过滤的饱和溶液中，观察晶体的缓慢生长。数天后，可得到棱角完整齐全、晶莹透明的大块晶体。

3. 明矾产品中 A1 含量的测定

准确称取 1.2~1.3 g 明矾试样于 150 mL 烧杯中，加入 3 mL 2 mol · L^{-1} HCl 溶液，加水溶解，将溶液转移至 250 mL 容量瓶中，加水稀释至刻度，摇匀。

移取上述稀释液 25.00 mL 三份，分别于锥形瓶中，加入 20 mL 0.02 mol · L^{-1} EDTA 溶液及 2 滴二甲酚橙指示剂，小心滴加(1+1) $NH_3 \cdot H_2O$ 调至溶液恰呈紫红色，然后滴加 3 滴(1:3)HCl。将溶液煮沸 3 min，冷却，加入 20 mL 20% 六次甲基四胺溶液，此时溶液应呈黄色或橙黄色，否则可用 HCl 调节。再补加 2 滴二甲酚橙指示剂，用锌标准溶液滴定至溶液由黄色恰变为紫红色（此时不计滴定体积）。加入 10 mL 20% NH_4F 溶液，摇匀，将溶液加热至微沸，流水冷却，补加 2 滴二甲酚橙指示剂，此时溶液应呈黄色或橙黄色，否则应滴加(1:3)HCl 调节。再用锌标准溶液滴定至溶液由黄色恰变为紫红色，即为终点。根据锌标准溶液所消耗的体积，计算明矾中 Al 的百分含量。

五、注意事项

（1）铝质牙膏壳、铝合金易拉罐等或其他铝制品（实验前充分剪碎），废铝原材料必须清洗干净表面杂质。

（2）铝屑与 KOH 溶液反应激烈，防止溅出，要分批加入铝屑，反应在通风橱内进行。

（3）$KAl(SO_4)_2 \cdot 12H_2O$ 为正八面体晶形。为获得棱角完整、透明的单晶，应让籽晶（晶种）有足够的时间长大，而晶籽能够成长的前提是溶液的浓度处于适当过饱和状态。本实验通过将饱和溶液在室温下静置，靠溶剂的自然挥发来创造溶液的准稳定状态，人工投放晶种让之逐渐长成单晶。

（4）在晶体生长过程中，应经常观察，若发现籽晶上又长出小晶体，应及时去掉。若杯底有晶体析出也应及时滤去，以免影响晶体生长。

（5）测定铝含量时应仔细调节酸碱度。

六、数据记录与结果处理

数据记录与结果处理见表7－9。

表7－9　明矾中铝含量的测定

序号		1	2	3
$m[KAl(SO_4)_2 \cdot 12H_2O]$				
滴定用去 Zn^{2+} 的体积/mL	终读数			
	初读数			
	ΔV			
$w(Al)$ /%				
$w(Al)$ 平均值/%				
相对平均偏差				

七、思考与讨论

（1）复盐和简单盐及配合物的性质有什么不同？

（2）若在饱和溶液中，籽晶长出一些小晶体或烧杯底部出现少量晶体时，对大晶体的培养有何影响？应如何处理？

（3）铝的测定一般采用返滴定法或置换滴定法，为什么？

备注：

明矾的性状与用途如下。

1. 性状

明矾又称白矾、钾矾、钾铝矾、钾明矾、十二水硫酸铝钾。是含有结晶水的硫酸钾和硫酸铝的复盐。化学式 $KAl(SO_4)_2 \cdot 12H_2O$，式量474.39，正八面体晶形，有玻璃光泽，密度1.757 g/cm^3，熔点92.5 ℃。64.5 ℃时失去9分子结晶水，200 ℃时失去12分子结晶水，溶于水，不溶于乙醇。

2. 用途

有抗菌作用、收敛作用等，可用做中药。明矾还可用于制备铝盐、发酵粉、油漆、鞣料、澄清剂、媒染剂、造纸、防水剂等。明矾净水是过去民间经常采用的方法，是一种较好的净水剂。

实验二十三　三草酸合铁（Ⅲ）酸钾的制备和组成测定

一、实验目的

（1）掌握合成 $K_3Fe[(C_2O_4)_3] \cdot 3H_2O$ 的基本原理和操作技术。

(2) 加深对铁(Ⅲ)和铁(Ⅱ)化合物性质的了解。

(3) 掌握容量分析等基本操作。

二、实验原理

1. $K_3Fe[(C_2O_4)_3]\cdot 3H_2O$ 的制备

$K_3Fe[(C_2O_4)_3]\cdot 3H_2O$ 的制备可以采用铁盐如 $FeCl_3$ 或 $Fe_2(SO_4)_3$ 与草酸钾直接反应制得。

$$FeCl_3 + 3K_2C_2O_4 = K_3[Fe(C_2O_4)_3] + 3KCl$$

也可以用硫酸亚铁铵为原料，与草酸在酸性溶液中先制得草酸亚铁沉淀，然后再用草酸亚铁在草酸钾和草酸的存在下，以过氧化氢为氧化剂，得到铁(Ⅲ)草酸配合物。主要反应为

$$(NH_4)_2Fe(SO_4)_2 + H_2C_2O_4 + 2H_2O = FeC_2O_4\cdot 2H_2O\downarrow + (NH_4)_2SO_4 + H_2SO_4$$

$$2FeC_2O_4\cdot 2H_2O + H_2O_2 + 3K_2C_2O_4 + H_2C_2O_4 = 2K_3[Fe(C_2O_4)_3]\cdot 3H_2O$$

改变溶剂极性并加少量盐析剂，可析出绿色单斜晶体纯的三草酸合铁(Ⅲ)酸钾，通过化学分析确定配离子的组成。

2. 产物化学式的确定

用 $KMnO_4$ 标准溶液在酸性介质中滴定测得草酸根，由消耗的 $KMnO_4$ 的量求出 $C_2O_4^{2-}$ 含量。反应为

$$5C_2O_4^{2-} + 2MnO_4^- + 16H^+ = 10CO_2\uparrow + 2Mn^{2+} + 8H_2O$$

测铁含量时，可先用过量锌粉将其还原为 Fe^{2+}，然后再用 $KMnO_4$ 标准溶液滴定而测得，其反应式为

$$5Fe^{2+} + MnO_4^- + 8H^+ = 5Fe^{3+} + Mn^{2+} + 4H_2O$$

由消耗的 $KMnO_4$ 的量，计算出铁的含量。

三、实验用品

试剂： $(NH_4)_2Fe(SO_4)_2\cdot 6H_2O$ (自制的)，H_2SO_4 ($3\ mol\cdot L^{-1}$)，$H_2C_2O_4$ (饱和)，$K_2C_2O_4$(饱和)KCl(A. R)，KNO_3 ($300\ g\cdot L^{-1}$)，95%乙醇，乙醇—丙酮混合液(1∶1)，$K_3[Fe(CN)_6]$(5%)，3% H_2O_2，$0.02\ mol\cdot L^{-1}$ $KMnO_4$ (标准溶液)，Zn(粉)。

仪器： 托盘天平，分析天平，抽滤装置，100 mL 烧杯，电炉，25 mL 移液管，(50 mL，100 mL) 容量瓶，250 mL 锥形瓶，50 mL 酸式滴定管，水浴锅，量筒。

四、实验步骤

1. 三草酸合铁(Ⅲ)酸钾的制备

1) 方法一：$FeCl_3$ 与草酸钾直接制备

称取 8 g 草酸钾放入 100 mL 烧杯中，加 15～20 mL 水，加热使全部溶解。在溶液近沸

时，边搅拌边加入3 g六水合三氯化铁固体，将此溶液在冷水中冷却，减压过滤得粗产品。将粗产品溶解在约10 mL热水中，待溶液冷却后加入3 mL乙醇，然后将溶液在冰水中冷却，减压过滤，将所得产品放在烘箱中烘干，称重。

2）方法二

（1）草酸亚铁的制备。

称取5 g硫酸亚铁铵固体放在250 mL烧杯中，然后加15 mL蒸馏水和1～2滴3 mol·$L^{-1}H_2SO_4$，加热溶解后，再加入25 mL饱和草酸溶液，加热搅拌至沸，然后迅速搅拌片刻，防止飞溅。停止加热，静置。待黄色晶体$FeC_2O_4 \cdot 2H_2O$沉淀后倾析，弃去上层清液，加入20 mL蒸馏水洗涤晶体，搅拌并温热，静置，弃去上层清液，即得黄色晶体草酸亚铁。

（2）三草酸合铁（Ⅲ）酸钾的制备。

在草酸亚铁沉淀中加入饱和$K_2C_2O_4$溶液10 mL，水浴加热313 K，恒温下慢慢滴加3%的H_2O_2溶液20 mL，沉淀转为深棕色。边加边搅拌，加完后将溶液加热至沸，然后加入20 mL饱和草酸溶液，沉淀立即溶解，溶液转为绿色。趁热抽滤，滤液转入100 mL烧杯中，冷却，加入95%的乙醇25 mL，可以看到烧杯底部有晶体析出。晶体完全析出后，抽滤，用乙醇淋洗晶体，抽干混合液。产品置于一表面皿上，置暗处晾干。称重，计算产率。

2. 三草酸合铁（Ⅲ）酸钾组成的测定

1）草酸根含量的测定

把制得的$K_3[Fe(C_2O_4)_3] \cdot 3H_2O$在50～60 ℃于恒温干燥箱中干燥1 h，在干燥器中冷却至室温，精确称取样品约0.2～0.3 g，放入250 mL锥形瓶中，加入25 mL水和5 mL 3 mol·$L^{-1}H_2SO_4$，用标准0.020 00 mol·L^{-1} $KMnO_4$溶液滴定。滴定时先滴入8 mL左右的$KMnO_4$标准溶液，然后加热到343～358 K（不高于358 K）直至紫红色消失。再用$KMnO_4$滴定热溶液，直至微红色在30 s内不消失。记下消耗$KMnO_4$标准溶液的总体积，计算$K_3[Fe(C_2O_4)_3] \cdot 3H_2O$中草酸根的质量分数，并换算成物质的量。滴定后的溶液保留待用。

2）铁含量测定

在上述滴定过草酸根的保留溶液中加锌粉还原，至黄色消失。加热3 min，使Fe^{3+}完全转变为Fe^{2+}，抽滤，用温水洗涤沉淀。滤液转入250 mL锥形瓶中，用$KMnO_4$标准溶液滴定至微红色，计算$K_3[Fe(C_2O_4)_3] \cdot 3H_2O$中铁的质量分数。并换算成物质的量。

五、数据记录与结果处理

1. 草酸含量测定

草酸含量测定见表7－10。

表 7-10　草酸含量测定

序号	1	2	3
$c(KMnO_4)/(mol \cdot L^{-1})$			
m $(K_3[Fe(C_2O_4)_3] \cdot 3H_2O/g$			
$V(KMnO_4)$终读数/mL			
$V(KMnO_4)$初读数/mL			
$V1$			
$n(C_2O_4{}^{2-})/mol$			
$w(C_2O_4{}^{2-})/\%$			
w(平均)/%			
相对平均偏差			

2. 铁含量测定

铁含量测定见表 7-11。

表 7-11

序号	1	2	3
$c(KMnO_4)/(mol \cdot L^{-1})$			
$m(K_3[Fe(C_2O_4)_3] \cdot 3H_2O/g$			
$V(KMnO_4)$终读数/mL			
$V(KMnO_4)$初读数/mL			
$V2$			
$n(Fe^{2+})/mol$			
$w(Fe^{2+})/\%$			
w(平均)/%			
相对平均偏差			

六、注意事项

（1）水浴 40 ℃下加热，慢慢滴加 H_2O_2。以防止 H_2O_2 分解。

（2）在抽滤过程中，勿用水冲洗黏附在烧杯和布氏滤斗上的绿色产品。

（3）测定含量时，水浴加热，当锥形瓶口有热蒸汽冒出，即为所需控制的温度。

七、思考与讨论

（1）能否用 $FeSO_4$ 代替硫酸亚铁铵来合成 $K_3Fe[(C_2O_4)_3]$？如果用 HNO_3 代替 H_2O_2 作氧化剂，写出用 HNO_3 作氧化剂的主要反应式。你认为用哪个作氧化剂较好？为什么？

（2）根据三草酸合铁（Ⅲ）酸钾的合成过程及它的 TG 曲线，你认为该化合物应如何保存？

（3）在三草酸合铁（Ⅲ）酸钾的制备过程中，加入 15 mL 饱和草酸溶液后，沉淀溶解，溶液转为绿色。若往此溶液中加入 25 mL95% 乙醇或将此溶液过滤后往滤液中加入25 mL 95% 的乙醇，现象有何不同？为什么？并说明对产品质量有何影响？

实验二十四　硫代硫酸钠的制备与测定

一、实验目的

（1）了解硫代硫酸钠的制备方法。

（2）熟悉蒸发浓缩、减压过滤、结晶等基本操作。

（3）学习产品中的硫酸盐和亚硫酸盐的限量分析方法。

（4）学习产品五水硫代硫酸钠含量的测定方法。

二、实验原理

亚硫酸钠溶液在沸腾温度下与硫粉化合，可制得硫代硫酸钠：

$$Na_2SO_3 + S \xrightarrow{\triangle} Na_2S_2O_3$$

常温下从溶液中结晶出来的硫代硫酸钠为 $Na_2S_2O_3 \cdot 5H_2O$。

硫代硫酸钠具有很大的实用价值。在分析化学中用来定量测定碘，在纺织工业和造纸工业中作脱氯剂，摄影业中作定影剂，在医药中作急救解毒剂。

三、实验用品

试剂：Na_2SO_3(g)，硫粉，0.05 mol · L^{-1} I_2 溶液，0.25% $BaCl_2$，0.1 mol · L^{-1} HCl，0.05 mol · L^{-1} $Na_2S_2O_3$，Na_2SO_4溶液（SO_4^{2-} 的浓度为 100 mg · L^{-1}），无水乙醇，HAc-NaAc（缓冲溶液），0.1 mol · L^{-1} I_2 标准溶液，0.2% 淀粉，0.1% 酚酞，甲醛。

仪器：25 mL 比色管，10 mL 移液管，100 mL 容量瓶，50 mL 酸式滴定管，250 mL 锥形瓶，抽滤装置。

四、实验步骤

1. $Na_2S_2O_3$的制备

称取 1.8 g 硫粉，研碎后置于100 mL 烧杯中，加少量乙醇使其润湿。再加入6 g Na_2SO_3 和 30 mL 水。加热混合物并不断搅拌。待溶液沸腾后改用小火加热，继续搅拌并保持微沸状态不少于 40 min，直至仅剩下少许硫粉悬浮在溶液中（此时溶液体积不少于 20 mL，如太少，可在反应过程中适当补加些水，以保持溶液体积为 20 mL 左右）。趁热过滤，将滤液转移至蒸发皿中，水浴加热，至溶液呈微黄色浑浊为止。冷却至室温，即有大量晶体析出

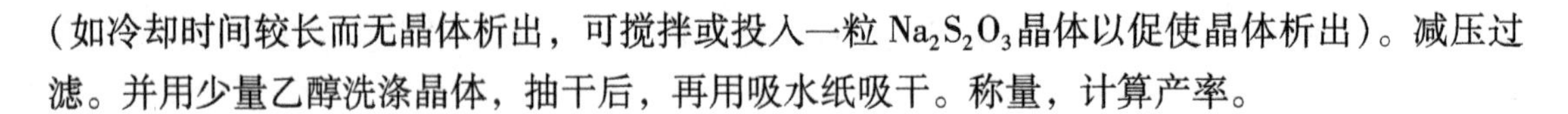
(如冷却时间较长而无晶体析出，可搅拌或投入一粒 $Na_2S_2O_3$ 晶体以促使晶体析出)。减压过滤。并用少量乙醇洗涤晶体，抽干后，再用吸水纸吸干。称量，计算产率。

2. 产品检验

(1) 硫酸盐和亚硫酸盐的限量分析

$NaS_2O_3 \cdot 5H_2O$ 各级试剂纯度的国家标准（GB 637—77）见表 7－12。

表 7－12　$NaS_2O_3 \cdot 5H_2O$ 各级试剂纯度的国家标准表

名称	优级纯	分析纯	化学纯
$Na_2S_2O_3 \cdot 5H_2O$	不少于 99.0	不少于 99.0	不少于 98.0
澄清度实验	合格	合格	合格
水不溶物	0.002	0.005	0.01
硫酸盐及亚硫酸盐（SO_4^{2-} 记）	0.02	0.05	0.1
硫化物（S）	0.000 2	0.000 5	0.001
钙（Ca）	0.003	0.005	0.01
铁（Fe）	0.000 5	0.001	0.001
砷（As）	0.000 5	0.001	0.001
重金属（Pb 记）	0.001	0.001	0.002

本实验只做 SO_4^{2-} 和 SO_3^{2-} 的限量分析。

先用 I_2 将 $S_2O_3^{2-}$ 和 SO_3^{2-} 分别氧化为 $S_4O_6^{2-}$ 和 SO_4^{2-}，然后让微量的 SO_4^{2-} 与 $BaCl_2$ 溶液作用，生成难溶 $BaSO_4$，使溶液变成浑浊。显然溶液的混浊度与试样中 SO_4^{2-} 和 SO_3^{2-} 的含量呈正比。

称取 0.1 g 产品，溶于 25 mL 水中，滴加 0.05 $mol \cdot L^{-1}$ 碘，至溶液呈浅黄色。然后转移到 100 mL 容量瓶中，用水稀释至标线。从中吸收 10.00 mL 置于 25 mL 比色管中，稀释至 25.0 mL。再加入 1 mL 0.1 $mol \cdot L^{-1}$ HCl 及 3 mL 质量分数为 0.25 的 $BaCl_2$ 溶液摇匀。放置 10 min 后，加 1 滴 0.05 $mol \cdot L^{-1}$ $Na_2S_2O_3$ 溶液，摇匀，立即与 $SO_4{}^{2-}$ 标准系列溶液进行比浊。根据浊度确定产品等级。

(2) 五水合硫代硫酸钠含量的测定

准确称取制备的硫代硫酸钠试样 0.5 g（精确到 0.1 mg）于锥形瓶中。用少量水溶解。加入 10 mL 甲醛溶液。再加入 10 mL HAc－NaAc 缓冲溶液，以保证溶液的弱酸性。混匀后放置 10 min。然后用 0.05 $mol \cdot L^{-1}$ 的 I_2 标准溶液滴定，以淀粉为指示剂，滴到 1 min 内溶液的蓝色不退掉为止。平行测定三次。

$$w(Na_2S_2O_3 \cdot 5H_2O) = \frac{v \times c \times 0.248\ 2 \times 2}{m} \times 100\%$$

其中　v——所用 I_2 标准溶液的体积；

　　　c——I_2 标准溶液物质的量浓度；

m——所取 $Na_2S_2O_3 \cdot 5H_2O$ 试样的质量。

五、数据记录与结果处理

数据记录与结果处理见表 7－13。

表 7－13 五水合硫代硫酸钠含量的测定

次数	1	2	3
m 试样质量/g			
$V(I_2)$ 终读数/mL			
$V(I_2)$ 初读数/mL			
$\Delta V(I_2)$ /mL			
$c(I_2)$ / $mol \cdot L^{-1}$			
$Na_2S_2O_3 \cdot 5H_2O$ 含量/%			
平均值/%			
相对偏差/%			

六、思考与讨论

（1）提高 $Na_2S_2O_3$ 的产率与纯度，实验中需注意哪些问题？

（2）过滤所得产物晶体为什么用乙醇洗涤？

（3）产物 $Na_2S_2O_3 \cdot 5H_2O$ 晶体一般 30～40 ℃烘干，温度过高会发生什么后果？

（4）在硫代硫酸钠含量测定中，加入甲醛溶液的目的是什么？

实验二十五 三氯化六氨合钴（Ⅲ）的制备及其组成的初步测定

一、实验目的

（1）掌握三氯化六氨合钴（Ⅲ）的制备方法。

（2）了解钴（Ⅱ）、钴（Ⅲ）化合物的性质。

（3）对配合物的组成进行初步推断。

二、实验原理

1. 制备原理

在水溶液中，电极反应 $\varphi^{\ominus}$（Co^{3+}/Co^{2+}）＝1.84 V，所以在一般情况下，Co（Ⅱ）在水溶液中是稳定的，不易被氧化为 Co（Ⅲ），相反，Co（Ⅲ）很不稳定，容易氧化水放出氧气（$\varphi^{\ominus}$（Co^{3+}/Co^{2+}）＝1.84 V＞$\varphi^{\ominus}$（O_2/H_2O）＝1.229 V）。但在有配合剂氨水存在时，由于形成相应的配合物 $[Co(NH_3)_6]^{2+}$，电极电势 $\varphi^{\ominus}$（$Co(NH_3)_6^{3+}/Co(NH_3)_6^{2+}$）＝0.1 V，因此 Co（Ⅱ）很容易被氧化为 Co（Ⅲ），得到较稳定的 Co（Ⅲ）配合物。

实验中采用 H_2O_2 作氧化剂，在大量氨和氯化铵存在下，选择活性炭作为催化剂将 Co（Ⅱ）氧化为 Co（Ⅲ），来制备三氯化六氨合钴（Ⅲ）配合物，反应式为：

$$2[Co(H_2O)_6]Cl_2(\text{粉红}) + 10NH_3 + 2NH_4Cl + H_2O_2 \xlongequal{\text{活性炭}} 2[Co(NH_3)_6]Cl_3(\text{橙黄}) + 14H_2O$$

将产物溶解在酸性溶液中以除去其中混有的催化剂，抽滤，除去活性炭，然后在较浓的盐酸存在下使产物结晶析出。三氯化六氨合钴（Ⅲ）为橙黄色单斜晶体。

钴（Ⅱ）与氯化铵和氨水作用，经氧化后一般可生成三种产物：紫红色的二氯化一氯五氨合钴 $[Co(NH_3)_5Cl]Cl_2$ 晶体、砖红色的三氯化五氨一水合钴 $[Co(NH_3)_5H_2O]Cl_3$ 晶体、橙黄色的三氯化六氨合钴 $[Co(NH_3)_6]Cl_3$ 晶体，控制不同的条件可得不同的产物。本实验温度控制不好，很可能有紫红色或砖红色产物出现。20 ℃时，$[Co(NH_3)_6]Cl_3$ 在水中的溶解度为 0.26 $mol \cdot L^{-1}$，$K_{\text{不稳}} = 2.2 \times 10^{-34}$，在过量强碱存在且煮沸的条件下会按下式分解。

$$2[Co(NH_3)_6]Cl_3 + 6NaOH = 2Co(OH)_3 + 6NaCl + 12NH_3\uparrow$$

2. 组成推断

确定某配合物的组成，一般先确定外界，再将配离子破坏看内界。本实验是初步推断，可用电导率仪来测定一定浓度配合物溶液的导电性，与已知电解质溶液导电性进行对比，确定该配合物的化学式。

游离 Co^{2+} 在酸性溶液中与硫氰化钾作用生成蓝色配合物 $[Co(NCS)_4]^{2-}$，以此判断其存在。NH_4^+ 可用纳氏试剂检验。

三、实验用品

仪器：水浴加热装置，抽滤装置，锥形瓶，温度计，量筒，烧杯，pH 试纸，胶头滴管。

试剂：浓氨水，5% H_2O_2，50% 盐酸溶液，$CoCl_2 \cdot 6H_2O$，NH_4Cl 固体，活性炭，95% 乙醇，0.1 $mol^{-1}L$ $AgNO_3$，6 $mol \cdot L^{-1}$ HNO_3 溶液，0.5 $mol \cdot L^{-1}$ $SnCl_2$ 溶液，KSCN 固体，纳氏试剂，6 $mol \cdot L^{-1}$ NaOH 溶液，冰。

四、实验步骤

1. 三氯化六氨合钴（Ⅲ）的制备

用电子秤称取 4.0 g NH_4Cl 置于 100 mL 锥形瓶中，再加入约 8 mL 水，加热使其溶解。将称取的 6.0 g $CoCl_2 \cdot 6H_2O$ 加入锥形瓶中，摇动锥形瓶使 $CoCl_2$ 溶解。加入研磨后的 0.4 g 活性炭，摇动锥形瓶，使其混合均匀。再量取 12.5 mL 浓氨水于锥形瓶中。用冰水冷却至 10 ℃，用滴管缓慢加入 14 滴 5% H_2O_2 溶液。水浴加热至 50～60 ℃，持续进行 20 min 并且不断摇动。用冷水冷却至 0 ℃，过滤，将沉淀溶于 50.0 mL 沸水（含约 3.5 mL 50% 盐酸）中，趁热过滤。缓慢加入 14 mL 50% 盐酸，边加边搅拌，待有大量橙黄色晶体析出，冰浴冷却后过滤，得到橙黄色晶体。抽滤、少量 95% 乙醇洗涤，晾干、观察晶体的颜色和形状，称量并计算产率。

2. 三氯化六氨合钴（Ⅲ）的组成初步推断

取少量产品溶于适量蒸馏水中（5 ~6 mL），进行下列实验。

（1）用试管取少量上述溶液，滴加 0.1 mol · L^{-1} $AgNO_3$溶液并搅动，至加一滴 $AgNO_3$溶液后上部清液没有沉淀生成。然后过滤，滤液中加 1 ~2 mL 6 mol · L^{-1}硝酸并搅动，再往溶液中滴加 $AgNO_3$溶液，看有无沉淀。

（2）另分取 2 ~3 mL 上述溶液于 2 支试管中，一支试管中不加 $SnCl_2$ 溶液，另一支试管中加几滴 0.5 mol · L^{-1} $SnCl_2$ 溶液，分别振荡后各加入一小粒硫氰化钾固体，振摇后再加入 1 mL 戊醇、1mL 乙醚，振荡后分别观察上层溶液的颜色。

（3）另取 2 mL 上述溶液于试管中，加入少量蒸馏水，得清亮溶液后，加 2 滴纳氏试剂并观察变化。

五、注意事项

（1）各处的温度控制。

（2）酸量的控制。

六、思考题

（1）在 $[Co(NH_3)_6]Cl_3$的制备过程中，氯化铵、活性炭、过氧化氢各起什么作用?

（2）制备过程中，在水浴上加热 20 min 的目的是什么？能否加热至沸腾?

（3）要使 $[Co(NH_3)_6]Cl_3$合成产率高，你认为哪些步骤是比较关键的？为什么?

（4）$[Co(NH_3)_6]^{3+}$和$[Co(NH_3)_6]^{2+}$比较，哪个更稳定，为什么?

实验二十六 含锌药物的制备及含量测定

一、实验目的

（1）学会根据不同的制备要求选择工艺路线。

（2）掌握制备含 Zn 药物的原理和方法。

二、实验原理

1. $ZnSO_4 \cdot 7H_2O$ 的性质及制备原理

$ZnSO_4 \cdot 7H_2O$ 系无色透明、结晶状粉末，晶型为棱柱状或细针状或颗粒状，易溶于水（1 g/0.6 mL）或甘油（1 g/2.5 mL），不溶于酒精。

医学上 $ZnSO_4 \cdot 7H_2O$ 内服为催吐剂，外用可配制滴眼液（0.1% ~1%），利用其收敛性可防止沙眼的发展。在制药工业上，硫酸锌是制备其他含锌药物的原料。

$ZnSO_4 \cdot 7H_2O$ 的制备方法很多。工业上可用闪锌矿为原料，在空气中煅烧氧化成硫酸锌，然后热水提取而得，在制药业上考虑药用的特点，可由粗 ZnO（或闪锌矿焙烧的矿粉）与 H_2SO_4作用制得硫酸锌溶液：

$$ZnO + H_2SO_4 \longrightarrow ZnSO_4 + H_2O$$

此时 $ZnSO_4$溶液含 Fe^{2+}，Mn^{2+}，Cd^{2+}，Ni^{2+}等杂质，须除杂。

（1）$KMnO_4$氧化法除 Fe^{2+}，Mn^{2+}：

$$MnO_4^- + 3Fe^{2+} + 7H_2O \longrightarrow 3Fe(OH)_3 \downarrow + MnO_2 + 5H^+$$

$$2MnO_4^- + 3Mn^{2+} + 2H_2O \longrightarrow 5MnO_2 \downarrow + 4H^+$$

（2）Zn 粉置换法除 Cd^{2+}，Ni^{2+}：

$$CdSO_4 + Zn \longrightarrow ZnSO_4 + Cd$$

$$NiSO_4 + Zn \longrightarrow ZnSO_4 + Ni$$

除杂后的精制 $ZnSO_4$溶液经浓缩、结晶得 $ZnSO_4 \cdot 7H_2O$ 晶体，可作药用。

2. ZnO 的性质及制备原理

ZnO 系白色或淡黄色粉末，在潮湿空气中能缓缓吸收水分及二氧化碳变为碱式碳酸锌。它不溶于水或酒精，但易溶于稀酸、氢氧化钠溶液。

ZnO 系一缓和的收敛消毒药，其粉剂、洗剂、糊剂或软膏等，广泛用于湿疹、癣等皮肤病的治疗。

工业用的 ZnO 是在强热时使锌蒸气进入耐火砖室中并与空气混合，即燃烧成氧化锌：

$$2Zn + O_2 \longrightarrow 2ZnO$$

其产品常含铅、砷等杂质，不得供药用。

药用 ZnO 的制备是硫酸锌溶液中加入 Na_2CO_3溶液碱化产生碱式碳酸锌沉淀。经 250 ~ 300 ℃灼烧即得细粉状 ZnO，其反应式如下：

$$3ZnSO_4 + 3NaCO_3 + 4H_2O \longrightarrow ZnCO_3 \cdot 2Zn(OH)_2 \cdot 2H_2O \downarrow + 3Na_2SO_4 + 2CO_2 \uparrow$$

$$ZnCO_3 \cdot 2Zn(OH)_2 \cdot 2H_2O \xrightarrow{250 \sim 300 ℃} 3ZnO + CO_2 \uparrow + 4H_2O \uparrow$$

3. $(CH_3COO)_2Zn \cdot 2H_2O$ 的性质及制备原理

醋酸锌 $(CH_3COO)_2Zn \cdot 2H_2O$，系白色六边单斜片状晶体，有珠光，微具醋本臭气。它溶于水（1 g/2.5 mL）、沸水（1 g/1.6 mL）及沸醇（1 g/1 mL），其水溶液对石蕊试纸呈中性或微酸性。

0.1% ~0.5%的醋酸锌溶液可作洗眼剂，外用为收敛及缓和的消毒药。醋酸锌的制备可由纯氧化锌与稀醋酸加热至沸过滤结晶而得：

$$2CH_3COOH + ZnO \longrightarrow (CH_3COO)_2Zn + H_2O$$

三、实验用品

试剂：粗 ZnO，纯锌粉，铬黑 T，2 $mol \cdot L^{-1}$ H_2SO_4，3 $mol \cdot L^{-1}$ H_2SO_4，6 $mol \cdot L^{-1}$ HCl，3 $mol \cdot L^{-1}$ HAc，6 $mol \cdot L^{-1}$ $NH_3 \cdot H_2O$，0.5 $mol \cdot L^{-1}$ $KMnO_4$，0.5 $mol \cdot L^{-1}$ Na_2CO_3，饱和 H_2S。

仪器：电子天平，200 mL 烧杯，水浴，减压过滤装置，蒸发皿，250 mL 容量瓶，250 mL 移液管，滴定管。

四、实验步骤

1. $ZnSO_4 \cdot 7H_2O$ 的制备

1）$ZnSO_4$溶液制备

称取市售粗 ZnO（或闪锌矿焙烧所得的矿粉）30 g 放在 200 mL 烧杯中，加入 2 $mol \cdot L^{-1}$ H_2SO_4 160 mL，在不断搅拌下，加热至 90 ℃，并保持该温度下使之溶解，同时用 ZnO 调节溶液的 pH≈4，趁热减压过滤，滤液置于 200 mL 烧杯中。

2）氧化除 Fe^{2+}，Mn^{2+} 杂质

将上面滤液加热至 80 ~ 90 ℃后，滴加 0.5 $mol \cdot L^{-1}$ $KMnO_4$ 至呈微红色时停止加入，继续加热至溶液为无色，并控制溶液 pH = 4，趁热减压过滤，弃去残渣。滤液置于 200 mL 烧杯中。

3）置换除 Ni^{2+}，Cd^{2+} 杂质

将除去 Fe^{2+}，Mn^{2+} 杂质的滤液加热至 80 ℃左右，在不断搅拌下分批加入 1 g 纯锌粉，反应 10 min 后，检查溶液中 Cd^{2+}，Ni^{2+} 是否除尽（如何检查?），如未除尽，可补加少量锌粉，直至 Cd^{2+}，Ni^{2+} 等杂质除尽为止，冷却减压过滤，滤液置于 200 mL 烧杯中。

4）$ZnSO_4 \cdot 7H_2O$ 结晶

量取精制后的 $ZnSO_4$ 母液 1/3 于 100 mL 烧杯中，滴加 3 $mol \cdot L^{-1}$ H_2SO_4 调节至溶液 pH ≈1，将溶液转移至洁净的蒸发皿中，水浴加热蒸发至液面出现晶膜后，停止加热，冷却结晶，减压过滤，晶体用滤纸吸干后称量，计算产率。

2. ZnO 的制备

量取剩余精制 $ZnSO_4$ 母液于 150 mL 烧杯中，慢慢加入 0.5 $mol \cdot L^{-1}$ Na_2CO_3 溶液，边加边搅拌，并使 pH≈6.8 为止，随后加热煮沸 15 min，使沉淀呈颗粒状析出，倾去上层溶液，并反复用热水洗涤至无 SO_4^{2-} 后，滤干沉淀，并于 50 ℃烘干。

将上述碱式碳酸锌沉淀放入蒸发皿中，于 250 ~ 300 ℃煅烧并不断搅拌，至取出反应物少许，投入稀酸中而无气泡发生时，停止加热，放置冷却，得细粉状白色 ZnO 产品，称量，计算产率。

3. $Zn(Ac)_2 \cdot 2H_2O$ 的制备

称取 3 g 粗 ZnO 于 100 mL 烧杯中，加入 3 $mol \cdot L^{-1}$ HAc 溶液 20 mL，搅拌均匀后，加热至沸，趁热至沸，趁热过滤，静置、结晶，得粗制品。粗制品加水少量使其溶解后再结晶，得精制品，吸干后称量计算产率。

4. ZnO 含量测定

称取 ZnO 试样（产品）0.15～0.2 g 于 250 mL 烧杯中，加 6 $mol \cdot L^{-1}$ HCl 溶液 3 mL，微热溶解后，定量转移入 250 mL 容量瓶中，加水稀释至刻度，用移液管吸取锌标准溶液 25 mL 于 250 mL 锥形瓶中，滴加氨水至开始出现白色沉淀物，再加 10 mLpH = 10 的 $NH_3 \cdot H_2O—NH_4Cl$ 缓冲溶液，加水 20 mL，加入铬黑 T 指示剂少许，用 0.01 $mol \cdot L^{-1}$ EDTA 标准溶液滴定，溶液由酒红色恰变为蓝色，即达终点。平行测定三次，根据消耗的 EDTA 标准溶液的体积，计算 ZnO 的含量。

五、数据记录与结果处理

数据记录与结果处理见表 7 - 14。

7 - 14　数据记录与结果处理

序号	1	2	3
$m(ZnO)$			
$c(EDTA)$			
$V(EDTA)$ 终读数			
$V(EDTA)$ 初读数			
ΔV			
$w/\%$			
$\bar{w}/\%$			
相对平均偏差			

六、注意事项

（1）粗 ZnO 中常含有硫酸铅等杂质，由于硫酸铅不溶于稀 H_2SO_4，故要稀 H_2SO_4 以除去硫酸铅。

（2）碱式碳酸锌沉淀开始加热时，呈熔融状，不断搅拌至粉状后，逐渐升高温度，但不要超过 300 ℃，否则 ZnO 分子黏结后，不易再分散，冷却后呈黄白色细粉，并夹有沙砾状的颗粒。

（3）醋酸锌溶液受热后，易部分水解并析出碱式醋酸锌（白色沉淀）：

$$2\ (CH_3COO)_2Zn + 2H_2O \longrightarrow Zn(OH)_2 \cdot (CH_3COO)_2Zn + 2CH_3COOH$$

为了防止上述反应的产生，加入的 HAc 应适当过量，保持滤液呈酸性 pH≈4。

（4）干燥 $(CH_3COO)_2Zn \cdot 2H_2O$ 成品时，不宜加热，以免部分产品失去结晶水。

七、思考与讨论

（1）在精制 $ZnSO_4$溶液过程中，为什么要把可能存在的 Fe^{2+}氧化成为 Fe^{3+}？为什么选用 $KMnO_4$作氧化剂，还可选用什么氧化剂？

（2）在氧化除 Fe^{3+}过程中为什么要控制溶液的 pH≈4？如何调节溶液的 pH 值？pH 值过高、过低对本实验有何影响？

（3）在氧化除铁和用锌粉除重金属离子的操作过程中为什么要加热至 80～90 ℃，温度过高、过低对本实验有何影响？

（4）煅烧碱式碳酸锌沉淀至取出少许投入稀酸中无气泡发生，说明了什么？

（5）在 $ZnSO_4$溶液中加入 Na_2CO_3使共沉淀呈颗粒状析出后，为什么反复洗涤该沉淀至无 SO_4^{2-}？SO_4^{2-} 的存在会有什么影响？

实验二十七　溶剂热法原位合成吡啶基三唑前驱体及其单晶衍射分析

一、实验目的

（1）了解原位合成的基本原理及方法。

（2）掌握溶剂热法制备配合物的基本过程。

（3）了解 X 射线单晶衍射法在配合物分析中的作用。

（4）了解 SHELXTL、XSHELL 软件在单晶解析中的使用方法。

二、实验原理

在水热/溶剂热超分子自组装体系中，有时可以发生原位配体反应（*In-situ* ligand reaction），也就是所加入的配体发生了有机反应生成了新的配体，从另一个角度看，这类超分子体系其实是金属离子催化的有机反应，只是其最终产物或中间产物以晶体形式析出，常应用于合成反应活性较低的物质。例如，有机腈通常是非常稳定的，活化有机腈需要很强的吸电子基团，有机腈在与金属离子配位后，其碳原子被大大地活化，很容易接受亲核试剂的进攻；二价铜离子由于其 d^9电子结构和较强的配位能力，很容易在溶剂热条件中引发有机配体反应而广泛地应用于配位聚合物的组装中。

本实验的合成路径：

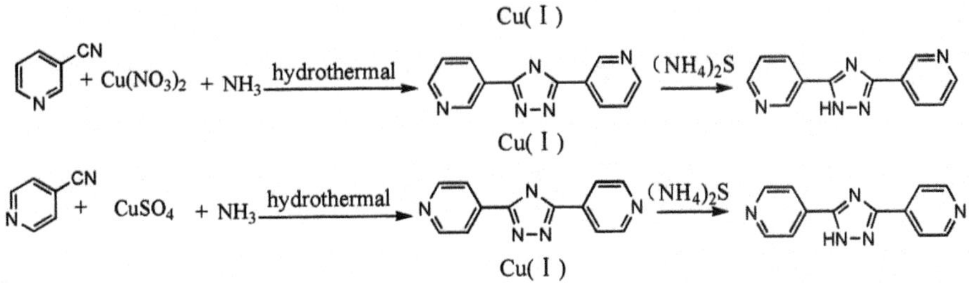

CN + $CuSO_4$ + NH_3 —hydrothermal→ Cu(Ⅰ) —$(NH_4)_2S$→

CN + $Cu(NO_3)_2$ + NH_3 —hydrothermal→ Cu(Ⅰ) —$(NH_4)_2S$→

CN + $CuSO_4$ + NH_3 —hydrothermal→ Cu(Ⅰ) —$(NH_4)_2S$→

三种可能的合成机理：

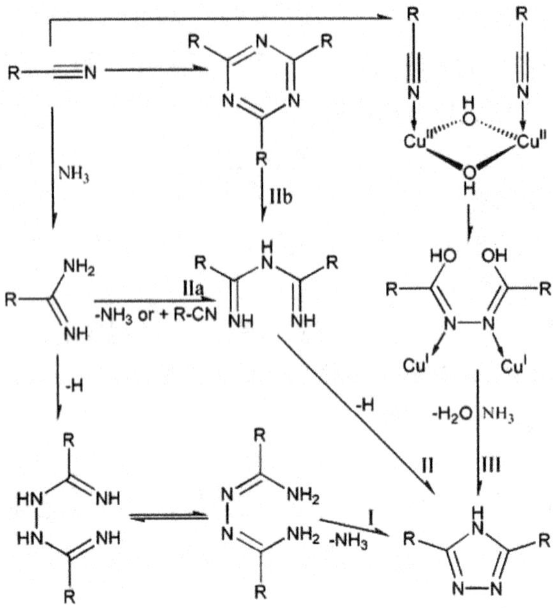

三、实验用品

试剂：2－氰基吡啶，氨水，$CuSO_4 \cdot 5H_2O$。

仪器：15 mL 带聚四氟乙烯内衬的反应釜。

软件包：MERCURY，SHELXTL，XSHELL，DIAMOND。

四、实验步骤

（1）将 $CuSO_4 \cdot 5H_2O$（0.50 g，2.0 mmol）、氨水（25%，3.0 mL）、2－氰基吡啶（2.04 g，10 mmol）和 6 mL 蒸馏水置于 15 mL 带聚四氟乙烯内衬的反应釜中，于 140 ℃保持 60 h，以 5 ℃/h 降温至 100 ℃，保温 10 h 后自然冷却至室温。产物用水洗涤，干燥，收集暗红色晶体，计算产率。

（2）在体视显微镜下挑选合适的晶体，对所得产品和配体 2－氰基吡啶进行红外表征，并对特征峰进行归属。

（3）利用 SHELXTL 对晶体进行精修。

A：XPREP：处理由 Bruker 的 XSCANS 和 SMART 系统输出的衍射数据。可用于确定晶体的空间群、转换晶胞参数和晶系、对衍射数据做吸收校正、合并不同颗晶体的衍射数据、对衍射数据进行统计分析、画出倒易空间图和帕特森截面图、输出其他子程序所需的文件等。

输入文件：从 SAINT +（CCD）得到的衍射点数据文件 code. raw（已经被还原、尚未做吸收校正的数据），code. hkl 和 code. p4p 文件；或从 XSCANS（P4）得到 code. raw，code. p4p，code. psi 文件；

输出文件：用于输入 XS/XL 子程序、包含分子式和空间群等信息的文件 code. ins 以及衍射点强度数据文件 code. hkl；记录晶体空间群、晶体外观、衍射数据收集条件以及所使用的有关软件的文件 code. pcf，用于 XCIF 子程序；记录文件 code. prp。

B：XS：通过直接法或帕特森法计算出试验性的初始结构模型（初始套）。

输入文件：code. ins，code. hkl；

输出文件：计算结果文件 code. res；记录文件 code. lst。

C：XL/XSHELL：根据初始结构模型（包括原子的种类、位置和原子位移参数）与观察到的衍射强度，对结构模型进行 F 或 ΔF 傅立叶合成计算和最小二乘法精修。

输入文件：code. ins，code. hkl；

输出文件：code. res，code. lst，以及由 code. ins 文件中的 ACTA 指令产生的晶体信息。

D：XCIF：根据结构模型的最后精修结果，产生各种表格。

输入文件：code. cif，code. pcf，code. fcf；

输出文件：含有晶体结构数据、原子坐标、原子位移参数、键长、键角、扭曲角等数据的表格文件 code. txt，结构因子文件 code. sft。

（4）利用 DIAMOND 软件画出配位环境图，并列出全部的键长和键角。

六、思考题

（1）配合物单晶的制备方法有哪些，各有什么特点？

（2）通过本次实验，你有什么收获和建议？

实验二十八 粗盐的提纯（设计）

一、实验目的

（1）培养学生运用学过的知识，设计粗盐提纯的原理。

（2）进一步熟练无机化学实验的基本操作。

（3）培养学生解决实际问题的能力。

二、设计提示与要求

（1）以粗食盐为原料制取化学纯氯化钠。根据原料中的杂质情况和产品的要求，设计出一套合理的实验方案。

（2）杂质离子的中间控制检验及产品的某些离子的限量分析。

（3）设计方案时，首先思考粗盐中常有哪些杂质，哪些是可溶性的，哪些是不溶性的。对于可溶性的杂质，加入沉淀剂使之形成难溶性的化合物而除去，加入沉淀剂的先后顺序以及是否会产生新的杂质都要充分考虑到。

（4）加入沉淀剂后，要考虑杂质离子是否除尽，需作必要的中间控制检验。当杂质离子被除尽后，要考虑除去多余的沉淀剂。

（5）根据产品的性质，选择合理的蒸发、结晶、过滤、干燥的方法。
（6）得到产品后，还要考虑如何对产品是否合格的检验问题。
（7）方案设计完毕后，列出所需仪器、试剂，做好实验前的准备工作。
（8）要充分考虑实验中可能存在的安全问题，做好相关预案。

实验二十九 植物中 Ca、Fe、P 元素的定性鉴定（设计）

一、实验目的

（1）通过实验了解植物或动物体内三种重要元素的简单检出方法。
（2）训练原材料的处理。
（3）培养学生解决实际问题的能力。

二、设计提示

（1）多数科学家较一致地认为生命必须元素共有 28 种。这些元素大体可分作四类：①必需元素，如 H、Na、K、Mg、Ca、Mo、Fe、Co、Cu、Zn、C、N、P、O、S、Cl、I、B 等十八种元素；②有益元素，如 Si、V、Cr、Ni、Se、Br、Sn、F 等八种元素；③沾染元素是一些在人体内生理作用未完全确定的元素；④污染元素，如 Pb、Cd、Hg 等。

本次实验设计检出 Ca、Fe、P 等元素是维持生命的重要元素。Ca 的最重要的作用是作为骨头中羟基磷灰石的组成部分。Fe 作为微量元素，存在于各种各样的代谢活性分子中。P 不仅是骨头的重要成分，也是核酸的重要组成元素。这些元素不仅存在于动物体内，也存在于植物体中。

实验通过对原材料处理，将磷转化为磷酸银，铁转化为 Fe 离子，钙转化为 Ca 离子，然后将各种离子用其特效反应一一鉴别出来。

（2）设计方案，列出所需仪器、试剂，做好实验前的准备工作。
（3）要充分考虑实验中可能存在的安全问题，做好相关预案。

实验三十 水合硫酸铜的制备及结晶水的测定（设计）

一、实验目的

（1）培养学生将学习的理论知识运用于指导实践。
（2）巩固无机制备过程中灼烧、水浴加热、减压过滤、结晶等基本操作。
（3）培养学生查阅文献资料，分析解决实际问题的能力。

二、设计提示

$CuSO_4 \cdot 5H_2O$ 的生产方法有多种，以工业铜屑和硫酸为主要原料制备 $CuSO_4 \cdot 5H_2O$。制得的溶液需要经过溶解、精制才能得到纯的硫酸铜。查阅资料，设计出详细的实验方案。

考虑以下内容。

（1）工业铜屑，通常含有的主要杂质是铁的氧化物，如何除去。

（2）若利用将 Fe^{2+} 氧化为 Fe^{3+}，之后沉淀为 $Fe(OH)_3$ 的方法以除去杂质铁的氧化物，可以选用的氧化剂有哪些？选择哪个氧化剂更合适。

（3）制备、提纯过程中选用哪些物质调节酸度？选用的原则。

（4）如何检验 Fe^{2+} 全部被氧化？

（5）实验每一过程的合适温度，如何控制。

（6）如何鉴定产品纯度？

（7）可以采用哪些方法测定硫酸铜的结晶水，影响准确度的因素。

（8）充分考虑实验中可能存在的安全问题，做好相关预案。

实验三十一 未知物鉴别和离子的鉴定

一、实验目的

（1）复习巩固元素及化合物的性质。

（2）培养学生将学习的理论知识运用于指导实践。

二、实验内容

（1）有一银白色的金属片，可能是铝片，也可能是锌片，请用实验加以鉴定。

（2）混合离子的分离与鉴定：①Cl^-，Br^-，I^-；② S^{2-}，SO_3^{2-}，$S_2O_3^{2-}$。

（3）有三种黑色或近于黑色的氧化物：CuO、MnO_2、PbO_2，如何用实验鉴别？

（4）有以下十种固体样品，试加以鉴别：

$CuSO_4 \cdot 5H_2O$，$FeSO_4 \cdot 7H_2O$，$NiSO_4$，$CoCl_2$，$PbSO_4$，NH_4HCO_3，NH_4Cl，$PbCl_2$，Fe_2O_3，Cu_2O

（5）盛有以下十种固体钠盐的试剂瓶，因标签脱落，请加以鉴别：

Na_2SO_4，Na_2SO_3，$Na_2S_2O_3$，Na_2S，$NaCl$，$NaBr$，Na_2CO_3，$NaHCO_3$，$NaNO_3$，Na_3PO_4

（6）下列八种无色溶液：$NaNO_3$，Na_2SO_4，$NaCl$，$BaCl_2$，KI，$FeCl_3$，$AgNO_3$，$Pb(NO_3)_2$，试设计一种方案，加以鉴别。

（7）盛有以下十种试剂的试剂瓶标签腐蚀，试加以鉴别：

$NaNO_3$，KNO_3，$AgNO_3$，$Zn(NO_3)_2$，

$Al(NO_3)_3$，$Pb(NO_3)_2$，$Cd(NO_3)_2$，$Hg(NO_3)_2$，$Hg_2(NO_3)_2$，$Mn(NO_3)_2$

三、设计提示与要求

当一个试样需要鉴定或一组未知物需要鉴别时，一般步骤如下。

（1）观察物态：状态、晶形、颜色、气味等。

（2）溶解性：是否溶于水，冷水中怎么样？热水中怎么样？不溶于水的再依次用盐酸、硝酸试验其溶解性。

（3）酸碱性：酸或碱可通过对指示剂的反应加以判断。两性物质借助于既能溶于酸，又能溶于碱加以判别。可溶性盐用 pH 试纸测其水溶液的酸碱性。不溶性物可借助于其对酸或碱的作用来判断。有时可以根据试液的酸碱性来排除某些离子存在的可能性。

（4）热稳定性：物质的热稳定性是有差别的，有的常温时就不稳定，有的物质灼热时易分解，还有的物质受热易挥发或升华。

（5）鉴定或鉴别反应：利用相应的特征反应进行鉴定。

（6）列出所需仪器、试剂，做好实验前的准备工作。

（7）要充分考虑实验中可能存在的安全问题，做好相关预案。

实验三十二 碘盐的制备及检验

一、实验目的

（1）了解食用碘盐的成分及生产步骤，掌握碘盐中 KIO_3 的测定方法。

（2）通过对 KIO_3 性质的掌握，理解正确使用碘盐的方法。

（3）培养学生查阅文献资料，分析解决实际问题的能力。

二、设计提示

查阅有关资料，设计出详细的实施方案。方案的设计包含下面几项内容。

（1）碘盐制备的方法原理，KIO_3 有哪些化学性质，定量测定加碘盐中 KIO_3 含量的原理。

（2）实验仪器和药品，实验步骤，实验注意事项和关键点。

（3）要充分考虑实验中可能存在的安全问题，做好相关预案。

实验三十三 含碘废液中碘的回收

一、实验目的

（1）培养学生绿色化学的理念。

（2）进一步掌握无机化学实验的基本操作。

（3）培养学生综合考虑问题的能力。

（4）培养学生查阅文献资料，分析解决实际问题的能力。

二、设计提示

含碘废液来源于实验十六“$I_3^- = I^- + I_2$ 平衡常数的测定”，废液的主要成分是 I_2 和 I^-。废液中的碘有多种回收方法，请按提示查阅文献做设计。

首先用过滤的方法将固体碘单质过滤出来。过滤后的溶液加氧化剂以及活性炭将溶液中的 I^- 氧化为 I_2，再过滤，经升华，回收碘。

结合以下问题查阅文献：

（1）废液过滤采用的漏斗。

（2）能氧化 I^- 的试剂很多，综合各种因素，选择合适的氧化剂。

（3）加活性炭的目的。

（4）溶液酸度对处理过程中那个步骤至关重要，如何控制溶液的 pH 值。

（5）升华装置。

（6）列出所需仪器、试剂，做好实验前的准备工作。

（7）要充分考虑实验中可能存在的安全问题，做好相关预案。

附 录

附录1 国际相对原子质量表

按原子序数排列

序数	名称	符号	相对原子质量	序数	名称	符号	相对原子质量
1	氢	H	1.007 94	57	镧	La	138.905 5
2	氦	He	4.002 602	58	铈	Ce	140.116
3	锂	Li	6.941	59	镨	Pr	140.907 65
4	铍	Be	9.012 182	60	钕	Nd	144.23
5	硼	B	10.81	61	钷	Pm	(145)
6	碳	C	12.010 7	62	钐	Sm	150.36
7	氮	N	14.006 74	63	铕	Eu	151.964
8	氧	O	15.999 4	64	钆	Gd	157.25
9	氟	F	18.998 403 2	65	铽	Tb	158.925 34
10	氖	Ne	20.179 7	66	镝	Dy	162.50
11	钠	Na	22.989 770	67	钬	Ho	164.930 32
12	镁	Mg	24.305 0	68	铒	Er	167.26
13	铝	Al	26.981 538	69	铥	Tm	168.934 21
14	硅	Si	28.085 5	70	镱	Yb	173.04
15	磷	P	30.973 761	71	镥	Lu	174.967
16	硫	S	32.066	72	铪	Hf	178.49
17	氯	Cl	35.452 7	73	钽	Ta	180.947 9
18	氩	Ar	39.948	74	钨	W	183.84
19	钾	K	39.098 3	75	铼	Re	186.207
20	钙	Ca	40.078	76	锇	Os	190.23
21	钪	Sc	44.955 910	77	铱	Ir	192.217
22	钛	Ti	47.867	78	铂	Pt	195.078
23	钒	V	50.941 5	79	金	Au	196.966 55
24	铬	Cr	51.996 1	80	汞	Hg	200.59
25	锰	Mn	54.938 049	81	铊	Tl	204.383 3
26	铁	Fe	55.845	82	铅	Pb	207.2
27	钴	Co	58.933 200	83	铋	Bi	208.980 38

（续）

序数	名称	符号	相对原子质量	序数	名称	符号	相对原子质量
28	镍	Ni	58.693 4	84	钋	Po	(209)
29	铜	Cu	63.546	85	砹	At	(210)
30	锌	Zn	65.39	86	氡	Rn	(222)
31	镓	Ga	69.723	87	钫	Fr	(223)
32	锗	Ge	72.61	88	镭	Ra	(226)
33	砷	As	74.921 60	89	锕	Ac	(227)
34	硒	Se	78.96	90	钍	Th	232.038 1
35	溴	Br	79.904	91	镤	Pa	231.035 88
36	氪	Kr	83.80	92	铀	U	238.028 9
37	铷	Rb	85.467 85	93	镎	Np	(237)
38	锶	Sr	87.62	94	钚	Pu	(244)
39	钇	Y	88.905 85	95	镅	Am	(243)
40	锆	Zr	91.224	96	锔	Cm	(247)
41	铌	Nb	92.906 38	98	锎	Cf	(251)
42	钼	Mo	95.94	97	锫	Bk	(247)
43	锝	Tc	(98)	99	锿	Es	(252)
44	钌	Ru	101.07	100	镄	Fm	(257)
45	铑	Rh	102.905 50	101	钔	Md	(258)
46	钯	Pd	106.42	102	锘	No	(259)
47	银	Ag	107.868 2	103	铹	Lr	(262)
48	镉	Cd	112.411	104	𬬻	Rf	(261)
49	铟	In	114.818	105	𬭊	Db	(262)
50	锡	Sn	118.710	106	𬭳	Sg	(263)
51	锑	Sb	121.760	107	𬭛	Bh	(262)
52	碲	Te	127.60	108	𬭶	Hs	(265)
53	碘	I	126.904 47	109	鿏	Mt	(266)
54	氙	Xe	131.29	110		Uum	(269)
55	铯	Cs	132.905 43	111		Uuu	(272)
56	钡	Ba	137.327	112		Uub	(277)

摘自 Lide D R. Handbook of Chemistry and Physics. 78 th Ed，CRC PRESS，1997－1998。

附录2　弱电解质的解离常数

弱酸的解离常数

酸	温度/℃	级	$K_a^{\ominus}$	$pK_a^{\ominus}$
砷酸（H_3AsO_4）	25	1	5.5×10^{-2}	2.26
	25	2	1.7×10^{-7}	6.76
	25	3	5.1×10^{-12}	11.29
亚砷酸（H_3AsO_3）	25		5.1×10^{-10}	9.29
正硼酸（H_3BO_3）	25		5.4×10^{-10}	9.27
碳酸（H_2CO_3）	25	1	4.5×10^{-7}	6.35
	25	2	4.7×10^{-11}	10.33
铬酸（H_2CrO_4）	25	1	1.8×10^{-1}	0.74
	25	2	3.2×10^{-7}	6.49
氢氰酸（HCN）	25		6.2×10^{-10}	9.21
氢氟酸（HF）	25		6.3×10^{-4}	3.20
氢硫酸（H_2S）	25	1	8.9×10^{-8}	7.05
	25	2	1.0×10^{-19}	19
过氧化氢（H_2O_2）	25	1	2.4×10^{-12}	11.62
次溴酸（HBrO）	25		2.8×10^{-9}	8.55
次氯酸（HClO）	25		2.95×10^{-8}	7.53
次碘酸（HIO）	25		3×10^{-11}	10.5
碘酸（HIO_3）	25		1.7×10^{-1}	0.78
亚硝酸（HNO_2）	25		5.6×10^{-4}	3.25
高碘酸（HIO_4）	25		2.3×10^{-2}	1.64
正磷酸（H_3PO_4）	25	1	6.9×10^{-3}	2.16
	25	2	6.23×10^{-8}	7.21
	25	3	4.8×10^{-13}	12.32
亚磷酸（H_3PO_3）	25	1	5×10^{-2}	1.3
	25	2	2.0×10^{-7}	6.70
焦磷酸（$H_4P_2O_7$）	25	1	1.2×10^{-1}	0.91
	25	2	7.9×10^{-3}	2.10
	25	3	2.0×10^{-7}	6.70
	25	4	4.8×10^{-10}	9.32

（续）

酸	温度/℃	级	$K_a^\ominus$	$pK_a^\ominus$
硒酸（H_2SeO_4）	25	2	2×10^{-2}	1.7
亚硒酸（H_2SeO_3）	25	1	2.4×10^{-3}	2.62
	25	2	4.8×10^{-9}	8.32
硅酸（H_2SiO_3）	25	1	1×10^{-10}	9.9
	25	2	2×10^{-12}	11.8
硫酸（H_2SO_4）	25	2	1.0×10^{-2}	1.99
亚硫酸（H_2SO_3）	25	1	1.4×10^{-2}	1.85
	25	2	6×10^{-8}	7.2
甲酸（HCOOH）	25		1.77×10^{-4}	3.75
醋酸（HAc）	25		1.76×10^{-5}	4.75
草酸（$H_2C_2O_4$）	25	1	5.90×10^{-2}	1.23
	25	2	6.40×10^{-5}	4.19

弱碱的解离常数

碱	温度/℃	级	$K_b^\ominus$	$pK_b^\ominus$
氨水	25		1.79×10^{-5}	4.75
氢氧化铍	25	2	5×10^{-11}	10.30
氢氧化钙	25	1	3.74×10^{-3}	2.43
	30	2	4.0×10^{-2}	1.40
氢氧化铝	25		9.6×10^{-4}	3.02
氢氧化银	25		1.1×10^{-4}	3.96
氢氧化锌	25		9.6×10^{-4}	3.02

附录3　无机化合物的标准热力学数据

分子式 (Molecular formula)	状态 (State)	$\Delta H_f^{\ominus}$ /(kJ/mol)	$\Delta G_f^{\ominus}$ /(kJ/mol)	$S^{\ominus}$ /[J/(mol·K)]	$C_p^{\ominus}$ /[J/(mol·K)]
Ag	cr	0.0	—	42.6	25.4
Ag	g	284.9	246.0	173.0	20.8
AgBr	cr	-100.4	-96.9	107.1	52.4
$AgBrO_3$	cr	-10.5	71.3	151.9	—
AgCl	cr	-127.0	-109.8	96.3	50.8
$AgClO_3$	cr	-30.3	64.5	142.0	—
$AgClO_4$	cr	-31.1	—	—	—
AgCN	cr	146.0	156.9	107.2	66.7
Ag_2CO_3	cr	-505.8	-436.8	167.4	112.3
Ag_2CrO_4	cr	-731.7	-641.8	217.6	142.3
AgF	cr	-204.6	—	—	—
AgI	cr	-61.8	-66.2	115.5	56.8
$AgIO_3$	cr	-171.1	-93.7	149.4	102.9
$AgNO_3$	cr	-124.4	-33.4	140.9	93.1
Ag_2O	cr	-31.1	-11.2	121.3	65.9
Ag_2S	cr	-32.6	-40.7	144.0	76.5
Ag_2SO_4	cr	-715.9	-618.4	200.4	131.4
Al	cr	0.0	—	28.3	24.4
	g	330.0	289.4	164.6	21.4
$AlBr_3$	cr	-527.2	—	—	101.7
	g	-425.1	—	—	—
$AlCl_3$	cr	-704.2	-628.8	110.7	91.8
	g	-583.2	—	—	—
AlF_3	cr	-1 510.4	-1 431.1	66.5	75.1
	g	-1 204.6	-1 188.2	277.1	62.6
AlI_3	cr	-313.8	-300.8	159.0	98.7
	g	-207.5	—	—	—
Al_2O_3	cr	-1 675.7	-1 582.3	50.9	79.0
$AlPO_4$	cr	-1 733.8	-1 617.9	90.8	93.2
Al_2S_3	cr	-724.0	—	—	—

（续）

分子式 (Molecular formula)	状态 (State)	$\Delta H_f^{\ominus}$ /(kJ/mol)	$\Delta G_f^{\ominus}$ /(kJ/mol)	$S^{\ominus}$ /[J/(mol·K)]	$C_p^{\ominus}$ /[J/(mol·K)]
Ar	g	0.0	—	154.8	20.8
As（灰，gray）	cr	0.0	—	35.1	24.6
As（黄，yellow）	cr	14.6	—	—	—
As（黄，yellow）	g	302.5	261.0	174.2	20.8
$AsBr_3$	cr	−197.5	—	—	—
	g	−130.0	−159.0	363.9	79.2
$AsCl_3$	l	−305.0	−259.4	216.3	—
	g	−261.5	−248.9	327.2	75.7
AsF_3	l	−821.3	−774.2	181.2	126.6
	g	−785.8	−770.8	289.1	65.6
AsH_3	g	66.4	68.9	222.8	38.1
AsI_3	cr	−58.2	−59.4	213.1	105.8
	g	—	—	388.3	80.6
As_2O_5	cr	−924.9	−782.3	105.4	116.5
As_2S_3	cr	−169.0	−168.6	163.6	116.3
Au	cr	0.0	—	47.4	25.4
	g	366.1	326.3	180.5	20.8
B	cr	0.0	—	5.9	11.1
	g	565.0	521.0	153.4	20.8
BBr_3	l	−239.7	−238.5	229.7	—
	g	−205.6	−232.5	324.2	67.8
BCl_3	l	−427.2	−387.4	206.3	106.7
BF_3	g	−1 136.0	−1 119.4	254.4	50
B_2H_6	g	35.6	86.7	232.1	56.9
BI_3	g	71.1	20.7	349.2	70.8
B_2O_3	cr	−1 273.5	−1 194.3	54.0	—
	g	−843.8	−832.0	279.8	66.9
Ba	cr	0.0	—	62.8	28.1
	g	180.0	146.0	170.2	20.8
$BaBr_2$	cr	−757.3	−736.8	146.0	—
$BaCl_2$	cr	−858.6	−810.4	123.7	75.1
$BaCO_3$	cr	−1 216.3	−1 137.6	112.1	85.3

（续）

分子式 (Molecular formula)	状态 (State)	$\Delta H_f^\ominus$ /(kJ/mol)	$\Delta G_f^\ominus$ /(kJ/mol)	$S^\ominus$ /[J/(mol·K)]	$C_p^\ominus$ /[J/(mol·K)]
BaF_2	cr	-1 207.1	-1 156.8	96.4	71.2
$Ba(NO_3)_2$	cr	-992.1	-796.6	213.8	151.4
BaO	cr	-553.5	-525.1	70.4	47.8
$Ba(OH)_2$	cr	-944.7	—	—	—
BaS	cr	-460.0	-456.0	78.2	49.4
$BaSO_4$	cr	-1 473.2	-1 362.2	132.2	101.8
Be	cr	0.0	—	9.5	16.4
	g	324.0	286.6	136.3	20.8
$BeBr_2$	cr	-353.5	—	—	—
$BeCl_2$	cr	-490.4	-445.6	82.7	64.8
$BeCO_3$	cr	-1 025.0	—	—	—
BeF_2	cr	-1 026.8	-979.4	53.4	51.8
BeI_2	cr	-192.5	—	—	—
BeO	cr	-609.4	-580.1	13.8	—
$Be(OH)_2$	cr	-902.5	-815.0	51.9	—
BeS	cr	-234.3	—	—	—
$BeSO_4$	cr	-1 205.2	-1 093.8	77.9	85.7
Bi	cr	0.0	-	56.7	25.5
	g	207.1	168.2	187.0	20.8
$BiCl_3$	cr	-379.1	-315.0	177.0	105.0
	g	-265.7	-256.0	358.9	79.7
BiI_3	cr	—	-175.3	—	—
$Bi(OH)_3$	cr	-711.3	—	—	—
Bi_2O_3	cr	-573.9	-493.7	151.5	113.5
Bi_2S_3	cr	-143.1	-140.6	200.4	122.2
Br	g	111.9	82.4	175.0	20.8
BrF_3	l	-300.8	-240.5	178.2	124.6
	g	-255.6	-229.4	292.5	66.6
BrF_5	l	-458.6	-351.8	225.1	—
	g	-428.9	-350.6	320.2	99.6
BrO	g	125.8	108.2	237.6	32.1

附录4 常用酸、碱的相对密度、质量分数和浓度

试剂名称	密度/(g/mL)	质量分数/%	物质的量浓度/(mol/L)	试剂名称	密度/(g/mL)	质量分数/%	物质的量浓度/(mol/L)
浓硫酸	1.84	98%	18	氢溴酸	1.38	40	7
稀硫酸	1.1	9	2	氢碘酸	1.70	57	7.5
浓盐酸	1.19	38	12	冰醋酸	1.05	99	17.5
稀盐酸	1.0	7	2	稀醋酸	1.04	30	5
浓硝酸	1.4	68	16	稀醋酸	1.0	12	2
稀硝酸	1.2	32	6	浓氢氧化钠	1.44	~41%	~14.4
稀硝酸	1.1	12	2	稀氢氧化钠	1.1	8	2
浓磷酸	1.7	85	14.7	浓氨水	0.91	~28	14.8
稀磷酸	1.05	9	1	稀氨水	1.0	3.5	2
浓高氯酸	1.67	70	11.6	氢氧化钙水溶液		0.15	
稀高氯酸	1.12	19	2	氢氧化钡水溶液		2	~0.1
浓氢氟酸	1.13	40	23				

摘自北京师范大学化学系无机化教研室编，简明化学手册，北京，北京出版社，1980。

附录5　化合物的溶度积常数表

化合物	溶度积	化合物	溶度积	化合物	溶度积
醋酸盐		氢氧化物		* CdS	8.0×10^{-27}
** $AgAc$	1.94×10^{-3}	* $AgOH$	2.0×10^{-8}	* CoS(α－型)	4.0×10^{-21}
卤化物		* $Al(OH)_3$(无定形)	1.3×10^{-33}	* CoS(β－型)	2.0×10^{-25}
* $AgBr$	5.0×10^{-13}	* $Be(OH)_2$（无定形）	1.6×10^{-22}	* Cu_2S	2.5×10^{-48}
* $AgCl$	1.8×10^{-10}	* $Ca(OH)_2$	5.5×10^{-6}	* CuS	6.3×10^{-36}
* AgI	8.3×10^{-17}	* $Cd(OH)_2$	5.27×10^{-15}	* FeS	6.3×10^{-18}
BaF_2	1.84×10^{-7}	** $Co(OH)_2$(粉红色)	1.09×10^{-15}	* HgS（黑色）	1.6×10^{-52}
* CaF_2	5.3×10^{-9}	** $Co(OH)_2$（蓝色）	5.92×10^{-15}	* HgS（红色）	4×10^{-53}
* $CuBr$	5.3×10^{-9}	* $Co(OH)_3$	1.6×10^{-44}	* MnS(晶形)	2.5×10^{-13}
* $CuCl$	1.2×10^{-6}	* $Cr(OH)_2$	2×10^{-16}	* * NiS	1.07×10^{-21}
* CuI	1.1×10^{-12}	* $Cr(OH)_3$	6.3×10^{-31}	* PbS	8.0×10^{-28}
* Hg_2Cl_2	1.3×10^{-18}	* $Cu(OH)_2$	2.2×10^{-20}	* SnS	1×10^{-25}
* Hg_2I_2	4.5×10^{-29}	* $Fe(OH)_2$	8.0×10^{-16}	* * SnS_2	2×10^{-27}
HgI_2	2.9×10^{-29}	* $Fe(OH)_3$	4×10^{-38}	* * ZnS	2.93×10^{-25}
$PbBr_2$	6.60×10^{-6}	* $Mg(OH)_2$	1.8×10^{-11}	磷酸盐	
* $PbCl_2$	1.6×10^{-5}	* $Mn(OH)_2$	1.9×10^{-13}	* Ag_3PO_4	1.4×10^{-16}
PbF_2	3.3×10^{-8}	* $Ni(OH)_2$（新制备）	2.0×10^{-15}	* $AlPO_4$	6.3×10^{-19}
* PbI_2	7.1×10^{-9}	* $Pb(OH)_2$	1.2×10^{-15}	* $CaHPO_4$	1×10^{-7}
SrF_2	4.33×10^{-9}	* $Sn(OH)_2$	1.4×10^{-28}	* $Ca_3(PO_4)_2$	2.0×10^{-29}
碳酸盐		* $Sr(OH)_2$	9×10^{-4}	* * $Cd_3(PO_4)_2$	2.53×10^{-33}
Ag_2CO_3	8.45×10^{-12}	* $Zn(OH)_2$	1.2×10^{-17}	$Cu_3(PO_4)_2$	1.40×10^{-37}
* $BaCO_3$	5.1×10^{-9}	草酸盐		$FePO_4 \cdot 2H_2O$	9.91×10^{-16}
$CaCO_3$	3.36×10^{-9}	$Ag_2C_2O_4$	5.4×10^{-12}	* $MgNH_4PO_4$	2.5×10^{-13}
$CdCO_3$	1.0×10^{-12}	* BaC_2O_4	1.6×10^{-7}	$Mg_3(PO_4)_2$	1.04×10^{-24}
* $CuCO_3$	1.4×10^{-10}	* $CaC_2O_4 \cdot H_2O$	4×10^{-9}	* $Pb_3(PO_4)_2$	8.0×10^{-43}
$FeCO_3$	3.13×10^{-11}	CuC_2O_4	4.43×10^{-10}	* $Zn_3(PO_4)_2$	9.0×10^{-33}
Hg_2CO_3	3.6×10^{-17}	* $FeC_2O_4 \cdot 2H_2O$	3.2×10^{-7}	其他盐	
$MgCO_3$	6.82×10^{-6}	$Hg_2C_2O_4$	1.75×10^{-13}	* $[Ag^+][Ag(CN)_2^-]$	7.2×10^{-11}
$MnCO_3$	2.24×10^{-11}	$MgC_2O_4 \cdot 2H_2O$	4.83×10^{-6}	* $Ag_4[Fe(CN)_6]$	1.6×10^{-41}

（续）

化合物	溶度积	化合物	溶度积	化合物	溶度积
$NiCO_3$	1.42×10^{-7}	$MnC_2O_4\cdot2H_2O$	1.70×10^{-7}	* $Cu_2[Fe(CN)_6]$	1.3×10^{-16}
* $PbCO_3$	7.4×10^{-14}	* * PbC_2O_4	8.51×10^{-10}	AgSCN	1.03×10^{-12}
$SrCO_3$	5.6×10^{-10}	* $SrC_2O_4\cdot H_2O$	1.6×10^{-7}	CuSCN	4.8×10^{-15}
$ZnCO_3$	1.46×10^{-10}	$ZnC_2O_4\cdot2H_2O$	1.38×10^{-9}	* $AgBrO_3$	5.3×10^{-5}
铬酸盐		硫酸盐		* $AgIO_3$	3.0×10^{-8}
Ag_2CrO_4	1.12×10^{-12}	* Ag_2SO_4	1.4×10^{-5}	$Cu(IO_3)_2\cdot H_2O$	7.4×10^{-8}
* $Ag_2Cr_2O_7$	2.0×10^{-7}	* $BaSO_4$	1.1×10^{-10}	* * $KHC_4H_4O_6$（酒石酸氢钾）	3×10^{-4}
* $BaCrO_4$	1.2×10^{-10}	* $CaSO_4$	9.1×10^{-6}	* * Al(8－羟基喹啉)$_3$	5×10^{-33}
* $CaCrO_4$	7.1×10^{-4}	Hg_2SO_4	6.5×10^{-7}	* $K_2Na[Co(NO_2)_6]\cdot H_2O$	2.2×10^{-11}
* $CuCrO_4$	3.6×10^{-6}	* $PbSO_4$	1.6×10^{-8}	* $Na(NH_4)_2[Co(NO_2)_6]$	4×10^{-12}
* Hg_2CrO_4	2.0×10^{-9}	* $SrSO_4$	3.2×10^{-7}	* * Ni(丁二酮肟)$_2$	4×10^{-24}
* $PbCrO_4$	2.8×10^{-13}	硫化物		* * Mg(8－羟基喹啉)$_2$	4×10^{-16}
* $SrCrO_4$	2.2×10^{-5}	* Ag_2S	6.3×10^{-50}	* * Zn(8－羟基喹啉)$_2$	5×10^{-25}

摘自 David R. Lide, Handbook of Chemistry and Physics, 78th. edition, 1997－1998

* 摘自 J. A. Dean Ed. Lange's Handbook of Chemistry, 13th. edition 1985

* * 摘自其他参考书

附录6 标准电极电势表（298 K）

1. 在酸性溶液中

电　对	电极反应	$E^{\ominus}$/V
Ag（I）－（0）	$Ag^{+} + e^{-} = Ag$	0.7996
Os（VIII）－（0）	$OsO_4 + 8H^{+} + 8e^{-} = Os + 4H_2O$	0.8
N（V）－（IV）	$2NO_3^{-} + 4H^{+} + 2e^{-} = N_2O_4 + 2H_2O$	0.803
Hg（II）－（0）	$Hg^{2+} + 2e^{-} = Hg$	0.851
Si（IV）－（0）	（quartz）$SiO_2 + 4H^{+} + 4e^{-} = Si + 2H_2O$	0.857
Cu（II）－（I）	$Cu^{2+} + I^{-} + e^{-} = CuI$	0.86
N（III）－（I）	$2HNO_2 + 4H^{+} + 4e^{-} = H_2N_2O_2 + 2H_2O$	0.86
Hg（II）－（I）	$2Hg^{2+} + 2e^{-} = Hg_2^{2+}$	0.920
N（V）－（III）	$NO_3^{-} + 3H^{+} + 2e^{-} = HNO_2 + H_2O$	0.934
Pd（II）－（0）	$Pd^{2+} + 2e^{-} = Pd$	0.951
N（V）－（II）	$NO_3^{-} + 4H^{+} + 3e^{-} = NO + 2H_2O$	0.957
N（III）－（II）	$HNO_2 + H^{+} + e^{-} = NO + H_2O$	0.983
I（I）－（－I）	$HIO + H^{+} + 2e^{-} = I^{-} + H_2O$	0.987
V（V）－（IV）	$VO_2^{+} + 2H^{+} + e^{-} = VO^{2+} + H_2O$	0.991
V（V）－（IV）	$V(OH)_4^{+} + 2H^{+} + e^{-} = VO^{2+} + 3H_2O$	1.00
Au（III）－（0）	$[AuCl_4]^{-} + 3e^{-} = Au + 4Cl^{-}$	1.002
Te（VI）－（IV）	$H_6TeO_6 + 2H^{+} + 2e^{-} = TeO_2 + 4H_2O$	1.02
N（IV）－（II）	$N_2O_4 + 4H^{+} + 4e^{-} = 2NO + 2H_2O$	1.035
N（IV）－（III）	$N_2O_4 + 2H^{+} + 2e^{-} = 2HNO_2$	1.065
I（V）－（－I）	$IO_3^{-} + 6H^{+} + 6e^{-} = I^{-} + 3H_2O$	1.085
Br（0）－（－I）	Br_2（aq）$+ 2e^{-} = 2Br^{-}$	1.087 3
Se（VI）－（IV）	$SeO_4^{2-} + 4H^{+} + 2e^{-} = H_2SeO_3 + H_2O$	1.151
Cl（V）－（IV）	$ClO_3^{-} + 2H^{+} + e^{-} = ClO_2 + H_2O$	1.152
Pt（II）－（0）	$Pt^{2+} + 2e^{-} = Pt$	1.18
Cl（VII）－（V）	$ClO_4^{-} + 2H^{+} + 2e^{-} = ClO_3^{-} + H_2O$	1.189
I（V）－（0）	$2IO_3^{-} + 12H^{+} + 10e^{-} = I_2 + 6H_2O$	1.195
Cl（V）－（III）	$ClO_3^{-} + 3H^{+} + 2e^{-} = HClO_2 + H_2O$	1.214
Mn（IV）－（II）	$MnO_2 + 4H^{+} + 2e^{-} = Mn^{2+} + 2H_2O$	1.224
O（0）－（－II）	$O_2 + 4H^{+} + 4e^{-} = 2H_2O$	1.229

（续）

电　对	电极反应	$E^{\ominus}$/V
Tl（Ⅲ）－（Ⅰ）	$Tl^{3+} + 2e^{-} = Tl^{+}$	1.252
Cl（Ⅳ）－（Ⅲ）	$ClO_2 + H^{+} + e^{-} = HClO_2$	1.277
N（Ⅲ）－（Ⅰ）	$2HNO_2 + 4H^{+} + 4e^{-} = N_2O + 3H_2O$	1.297
**Cr（Ⅵ）－（Ⅲ）	$Cr_2O_7^{2-} + 14H^{+} + 6e^{-} = 2Cr^{3+} + 7H_2O$	1.33
Br（Ⅰ）－（－Ⅰ）	$HBrO + H^{+} + 2e^{-} = Br^{-} + H_2O$	1.331
Cr（Ⅵ）－（Ⅲ）	$HCrO_4^{-} + 7H^{+} + 3e^{-} = Cr^{3+} + 4H_2O$	1.350
Cl（0）－（－Ⅰ）	Cl_2（g）$+ 2e^{-} = 2Cl^{-}$	1.358 27
Cl（Ⅶ）－（－Ⅰ）	$ClO_4^{-} + 8H^{+} + 8e^{-} = Cl^{-} + 4H_2O$	1.389
Cl（Ⅶ）－（0）	$ClO_4^{-} + 8H^{+} + 7e^{-} = 1/2Cl_2 + 4H_2O$	1.39
Au（Ⅲ）－（Ⅰ）	$Au^{3+} + 2e^{-} = Au^{+}$	1.401
Br（Ⅴ）－（－Ⅰ）	$BrO_3^{-} + 6H^{+} + 6e^{-} = Br^{-} + 3H_2O$	1.423
I（Ⅰ）－（0）	$2HIO + 2H^{+} + 2e^{-} = I_2 + 2H_2O$	1.439
Cl（Ⅴ）－（－Ⅰ）	$ClO_3^{-} + 6H^{+} + 6e^{-} = Cl^{-} + 3H_2O$	1.451
Pb（Ⅳ）－（Ⅱ）	$PbO_2 + 4H^{+} + 2e^{-} = Pb^{2+} + 2H_2O$	1.455
Cl（Ⅴ）－（0）	$ClO_3^{-} + 6H^{+} + 5e^{-} = 1/2Cl_2 + 3H_2O$	1.47
Cl（Ⅰ）－（－Ⅰ）	$HClO + H^{+} + 2e^{-} = Cl^{-} + H_2O$	1.482
Br（Ⅴ）－（0）	$BrO_3^{-} + 6H^{+} + 5e^{-} = 1/2Br_2 + 3H_2O$	1.482
Au（Ⅲ）－（0）	$Au^{3+} + 3e^{-} = Au$	1.498
Mn（Ⅶ）－（Ⅱ）	$MnO_4^{-} + 8H^{+} + 5e^{-} = Mn^{2+} + 4H_2O$	1.507
Mn（Ⅲ）－（Ⅱ）	$Mn^{3+} + e^{-} = Mn^{2+}$	1.541 5
Cl（Ⅲ）－（－Ⅰ）	$HClO_2 + 3H^{+} + 4e^{-} = Cl^{-} + 2H_2O$	1.570
Br（Ⅰ）－（0）	$HBrO + H^{+} + e^{-} = 1/2Br_2$（aq）$+ H_2O$	1.574
N（Ⅱ）－（Ⅰ）	$2NO + 2H^{+} + 2e^{-} = N_2O + H_2O$	1.591
I（Ⅶ）－（Ⅴ）	$H_5IO_6 + H^{+} + 2e^{-} = IO_3^{-} + 3H_2O$	1.601
Cl（Ⅰ）－（0）	$HClO + H^{+} + e^{-} = 1/2Cl_2 + H_2O$	1.611
Cl（Ⅲ）－（Ⅰ）	$HClO_2 + 2H^{+} + 2e^{-} = HClO + H_2O$	1.645
Ni（Ⅳ）－（Ⅱ）	$NiO_2 + 4H^{+} + 2e^{-} = Ni^{2+} + 2H_2O$	1.678
Mn（Ⅶ）－（Ⅳ）	$MnO_4^{-} + 4H^{+} + 3e^{-} = MnO_2 + 2H_2O$	1.679
Pb（Ⅳ）－（Ⅱ）	$PbO_2 + SO_4^{2-} + 4H^{+} + 2e^{-} = PbSO_4 + 2H_2O$	1.691 3
Au（Ⅰ）－（0）	$Au^{+} + e^{-} = Au$	1.692
Ce（Ⅳ）－（Ⅲ）	$Ce^{4+} + e^{-} = Ce^{3+}$	1.72
N（Ⅰ）－（0）	$N_2O + 2H^{+} + 2e^{-} = N_2 + H_2O$	1.766
O（－Ⅰ）－（－Ⅱ）	$H_2O_2 + 2H^{+} + 2e^{-} = 2H_2O$	1.776
Co（Ⅲ）－（Ⅱ）	$Co^{3+} + e^{-} = Co^{2+}$（2 mol·L^{-1} H_2SO_4）	1.83
Ag（Ⅱ）－（Ⅰ）	$Ag^{2+} + e^{-} = Ag^{+}$	1.980

（续）

电　对	电极反应	$E^{\ominus}$/V
S（VII）－（VI）	$S_2O_8^{2-} + 2e^- = 2SO_4^{2-}$	2.010
O（0）－（－II）	$O_3 + 2H^+ + 2e^- = O_2 + H_2O$	2.076
O（II）－（－II）	$F_2O + 2H^+ + 4e^- = H_2O + 2F^-$	2.153
F（0）－（－I）	$F_2 + 2e^- = 2F^-$	2.866
	$F_2 + 2H^+ + 2e^- = 2HF$	3.053

2. 在碱性溶液中

电　对	电极反应	$E^{\ominus}$/V
Ca（II）－（0）	$Ca(OH)_2 + 2e^- = Ca + 2OH^-$	－3.02
Ba（II）－（0）	$Ba(OH)_2 + 2e^- = Ba + 2OH^-$	－2.99
Mg（II）－（0）	$Mg(OH)_2 + 2e^- = Mg + 2OH^-$	－2.690
Be（II）－（0）	$Be_2O_3^{2-} + 3H_2O + 4e^- = 2Be + 6OH^-$	－2.63
Al（III）－（0）	$H_2AlO_3^- + H_2O + 3e^- = Al + OH^-$	－2.33
P（I）－（0）	$H_2PO_2^- + e^- = P + 2OH^-$	－1.82
B（III）－（0）	$H_2BO_3^- + H_2O + 3e^- = B + 4OH^-$	－1.79
P（III）－（0）	$HPO_3^{2-} + 2H_2O + 3e^- = P + 5OH^-$	－1.71
Si（IV）－（0）	$SiO_3^{2-} + 3H_2O + 4e^- = Si + 6OH^-$	－1.697
P（III）－（I）	$HPO_3^{2-} + 2H_2O + 2e^- = H_2PO_2^- + 3OH^-$	－1.65
Mn（II）－（0）	$Mn(OH)_2 + 2e^- = Mn + 2OH^-$	－1.56
Cr（III）－（0）	$Cr(OH)_3 + 3e^- = Cr + 3OH^-$	－1.48
*Zn（II）－（0）	$[Zn(CN)_4]^{2-} + 2e^- = Zn + 4CN^-$	－1.26
Zn（II）－（0）	$Zn(OH)_2 + 2e^- = Zn + 2OH^-$	－1.249
P（V）－（III）	$PO_4^{3-} + 2H_2O + 2e^- = HPO_3^{2-} + 3OH^-$	－1.05
*Zn（II）－（0）	$[Zn(NH_3)_4]^{2+} + 2e^- = Zn + 4NH_3$	－1.04
Sn（IV）－（II）	$[Sn(OH)_6]^{2-} + 2e^- = HSnO_2^- + H_2O + 3OH^-$	－0.93
S（VI）－（IV）	$SO_4^{2-} + H_2O + 2e^- = SO_3^{2-} + 2OH^-$	－0.93
Se（0）－（－II）	$Se + 2e^- = Se^{2-}$	－0.924
Sn（II）－（0）	$HSnO_2^- + H_2O + 2e^- = Sn + 3OH^-$	－0.909
P（0）－（－III）	$P + 3H_2O + 3e^- = PH_3$（g）$+ 3OH^-$	－0.87
N（V）－（IV）	$2NO_3^- + 2H_2O + 2e^- = N_2O_4 + 4OH^-$	－0.85
H（I）－（0）	$2H_2O + 2e^- = H_2 + 2OH^-$	－0.827 7
Cd（II）－（0）	$Cd(OH)_2 + 2e^- = Cd + 2OH^-$	－0.809
Co（II）－（0）	$Co(OH)_2 + 2e^- = Co + 2OH^-$	－0.73
Ni（II）－（0）	$Ni(OH)_2 + 2e^- = Ni + 2OH^-$	－0.72

（续）

电 对	电极反应	$E^{\ominus}/V$
As（V）–（III）	$AsO_4^{3-}+2H_2O+2e^-=AsO_2^-+4OH^-$	−0.71
Ag（I）–（0）	$Ag_2S+2e^-=2Ag+S^{2-}$	−0.691
As（III）–（0）	$AsO_2^-+2H_2O+3e^-=As+4OH^-$	−0.68
*S（IV）–（II）	$2SO_3^{2-}+3H_2O+4e^-=S_2O_3^{2-}+6OH^-$	−0.58
Te（IV）–（0）	$TeO_3^{2-}+3H_2O+4e^-=Te+6OH^-$	−0.57
Fe（III）–（II）	$Fe(OH)_3+e^-=Fe(OH)_2+OH^-$	−0.56
S（0）–（−II）	$S+2e^-=S^{2-}$	−0.476 27
Cu（I）–（0）	$Cu_2O+H_2O+2e^-=2Cu+2OH^-$	−0.360
Tl（I）–（0）	$Tl(OH)+e^-=Tl+OH^-$	−0.34
*Ag（I）–（0）	$[Ag(CN)_2]^-+e^-=Ag+2CN^-$	−0.31
Cu（II）–（0）	$Cu(OH)_2+2e^-=Cu+2OH^-$	−0.222
Cr（VI）–（III）	$CrO_4^{2-}+4H_2O+3e^-=Cr(OH)_3+5OH^-$	−0.13
*Cu（I）–（0）	$[Cu(NH_3)_2]^++e^-=Cu+2NH_3$	−0.12
O（0）–（−I）	$O_2+H_2O+2e^-=HO_2^-+OH^-$	−0.076
Ag（I）–（0）	$AgCN+e^-=Ag+CN^-$	−0.017
N（V）–（III）	$NO_3^-+H_2O+2e^-=NO_2^-+2OH^-$	0.01
S（II，V）–（II）	$S_4O_6^{2-}+2e^-=2S_2O_3^{2-}$	0.08
Hg（II）–（0）	$HgO+H_2O+2e^-=Hg+2OH^-$	0.097 7
Co（III）–（II）	$[Co(NH_3)_6]^{3+}+e^-=[Co(NH_3)_6]^{2+}$	0.108
Pt（II）–（0）	$Pt(OH)_2+2e^-=Pt+2OH^-$	0.14
Co（III）–（II）	$Co(OH)_3+e^-=Co(OH)_2+OH^-$	0.17
Pb（IV）–（II）	$PbO_2+H_2O+2e^-=PbO+2OH^-$	0.247
I（V）–（−I）	$IO_3^-+3H_2O+6e^-=I^-+6OH^-$	0.26
Cl（V）–（III）	$ClO_3^-+H_2O+2e^-=ClO_2^-+2OH^-$	0.33
Ag（I）–（0）	$Ag_2O+H_2O+2e^-=2Ag+2OH^-$	0.342
Fe（III）–（II）	$[Fe(CN)_6]^{3-}+e^-=[Fe(CN)_6]^{4-}$	0.358
Cl（VII）–（V）	$ClO_4^-+H_2O+2e^-=ClO_3^-+2OH^-$	0.36
*Ag（I）–（0）	$[Ag(NH_3)_2]^++e^-=Ag+2NH_3$	0.373
O（0）–（−II）	$O_2+2H_2O+4e^-=4OH^-$	0.401
Mn（VII）–（VI）	$MnO_4^-+e^-=MnO_4^{2-}$	0.558
Mn（VII）–（IV）	$MnO_4^-+2H_2O+3e^-=MnO_2+4OH^-$	0.595
Br（V）–（−I）	$BrO_3^-+3H_2O+6e^-=Br^-+6OH^-$	0.61
Cl（V）–（−I）	$ClO_3^-+3H_2O+6e^-=Cl^-+6OH^-$	0.62

（续）

电　对	电极反应	$E^{\ominus}$/V
Cl（Ⅲ）－（Ⅰ）	$ClO_2^- + H_2O + 2e^- = ClO^- + 2OH^-$	0.66
I（Ⅶ）－（Ⅴ）	$H_3IO_6^{2-} + 2e^- = IO_3^- + 3OH^-$	0.7
Cl（Ⅲ）－（－Ⅰ）	$ClO_2^- + 2H_2O + 4e^- = Cl^- + 4OH^-$	0.76
Br（Ⅰ）－（－Ⅰ）	$BrO^- + H_2O + 2e^- = Br^- + 2OH^-$	0.761
Cl（Ⅰ）－（－Ⅰ）	$ClO^- + H_2O + 2e^- = Cl^- + 2OH^-$	0.841
*Cl（Ⅳ）－（Ⅲ）	$ClO_2(g) + e^- = ClO_2^-$	0.95
O（0）－（－Ⅱ）	$O_3 + H_2O + 2e^- = O_2 + 2OH^-$	1.24

附录7 某些离子和化合物的颜色

一、离子

1. 无色离子

Na^{+}、K^{+}、NH_4^{+}、Mg^{2+}、Ca^{2+}、Sr^{2+}、Ba^{2+}、$A1^{3+}$、Sn^{2+}、Sn^{4+}、Pb^{2+}、Bi^{3+}、Ag^{+}、Zn^{2+}、Cd^{2+}、Hg_2^{2+}、Hg^{2+}等阳离子

$B(OH)_4^{-}$、$B_4 0_7^{2-}$、$C_2 O_4^{2-}$、Ac^{-}、CO_3^{2-}、SiO_3^{2-}、NO_3^{-}、NO_2^{-}、PO_4^{-3}、AsO_3^{3-}、AsO_4^{3-}

$[SbCl_6]^{3-}$、 $[SbCl_6]^{-}$、SO_3^{2-}、SO_4^{2-}、S^{2-}、$S_2O_3^{2-}$、F^{-}、Cl^{-}、ClO_3^{-}、Br^{-}、BrO_3^{-}、I^{-}、SCN^{-}、、TiO^{2+}、VO_3^{-}、VO_4^{3-}、MoO_4^{2-}、WO_4^{2-} 等阴离子

2. 有色离子

$[Cu(H_2 0)_4]^{2+}$	$[CuCl_4]^{2-}$	$[Cu(NH_3)_4]^{2+}$	$[Ti(H_2 0)_6]^{3+}$	$[TiCl(H_2 0)_5]^{2+}$
浅蓝色	黄色	深蓝色	紫色	绿色

$[TiO(H_2 0_2)]^{2+}$
桔黄色

$[V(H_2 0)_6]^{2+}$	$[V(H_2 0)_6]^{3+}$	$V0^{2+}$	$V0_2^{+}$	$[V0_2(O_2)_2]^{3-}$	$[V(O_2)]^{3+}$
紫色	绿色	蓝色	浅黄色	黄色	深红色

$[Cr(H_2 0)_6]^{2+}$
蓝色

$[Cr(H_2 0)_6]^{3+}$	$[Cr(H_2 0)_5 C1]^{2+}$	$[Cr(H_2 0)_4 C1_2]^{+}$	$[Cr(NH_3)_2(H_2 0)_4]^{3+}$
紫色	浅绿色	暗绿色	紫红色

$[Cr(NH_3)_3(H_2 0)_3]^{3+}$	$[Cr(NH_3)_4(H_2 0)_2]^{3+}$	$[Cr(NH_3)_5 H_2 0]^{2+}$	$[Cr(NH_3)_6]^{3+}$
浅红色	橙红色	橙黄色	黄色

CrO_2^{-}
绿色

CrO_4^{2-}	$Cr_2 O_7^{2-}$	$[Mn(H_2 0)_6]^{2+}$	MnO_4^{2-}	$Mn0_4^{-}$	$[Fe(H_2O)_6]^{2+}$
黄色	橙色	肉色	绿色	紫红色	浅绿色

$[Fe(H_2O)_6]^{3+}$	$[Fe(CN)_6]^{4-}$	$[Fe(CN)_6]^{3-}$	$[Fe(NCS)_n]^{3-n}$	$[Co(H_2O)_6]^{2+}$
淡紫色	黄色	浅桔黄色	血红色	粉红色

$[Co(NH_3)_6]^{2+}$	$[Co(NH_3)_6]^{3+}$	$[CoCl(NH_3)_5]^{2+}$	$[Co(NH_3)_5(H_2O)]^{3+}$
黄色	橙黄色	红紫色	粉红色

$[Co(NH_3)_4 CO_3]^{+}$	$[Co(CN)_6]^{3-}$	$[Co(SCN)_4]^{2-}$	$[Ni(H_2O)_6]^{2+}$
紫红色	紫色	蓝色	亮绿色

$[Ni(NH_3)_6]^{2+}$	I_3^{-}
蓝色	浅棕黄色

二、化合物

1. 氧化物

CuO	Cu_2O	Ag_2O	ZnO	CdO	Hg_2O	HgO	TiO_2
黑色	暗红色	暗棕色	白色	棕红色	黑褐色	红色或黄色	白色

VO	V_2O_3	VO_2	V_2O_5	Cr_2O_3	CrO_3	MnO_2	MoO_2	WO_2
亮灰色	黑色	深蓝色	红棕色	绿色	红色	棕褐色	铅灰色	棕红色

FeO	Fe_2O_3	Fe_3O_4	CoO	Co_2O_3	NiO	Ni_2O_3	PbO	Pb_3O_4
黑色	砖红色	黑色	灰绿色	黑色	暗绿色	黑色	黄色	红色

2. 氢氧化物

$Zn(OH)_2$	$Pb(OH)_2$	$Mg(OH)_2$	$Sn(OH)_2$	$Mn(OH)_2$	$Cu(OH)$	$Fe(OH)_2$
白色	白色	白色	白色	白色	黄色	白色或苍绿色

$Fe(OH)_3$	$Cd(OH)_2$	$Al(OH)_3$	$Bi(OH)_3$	$Sb(OH)_3$	$Cu(OH)_2$	$Ni(OH)_2$
红棕色	白色	白色	白色	白色	浅蓝色	浅蓝色

$Ni(OH)_3$	$Co(OH)_2$	$Co(OH)_3$	$Cr(OH)_3$
黑色	粉红色	褐棕色	灰绿色

3. 氯化物

$AgCl$	Hg_2Cl_2	$PbCl_2$	$CuCl$	$CuCl_2$	$CuCl_2 \cdot 2H_2O$	$Hg(NH_2)Cl$	$CoCl_2$
白色	白色	白色	白色	棕色	蓝色	白色	蓝色

$CoCl_2 \cdot H_2O$	$CoCl_2 \cdot 2H_2O$	$CoCl_2 \cdot 6H_2O$	$FeCl_3 \cdot 6H_2O$	$TiCl_3 \cdot 6H_2O$	$TiCl_2$
蓝紫色	紫红色	粉红色	黄棕色	紫色或绿色	黑色

4. 溴化物

$AgBr$	$AsBr$	$CuBr_2$
淡黄色	浅黄色	黑紫色

5. 碘化物

AgI	Hg_2I_2	HgI_2	PbI_2	CuI	SbI_3	BiI_3	TiI_4
黄色	黄绿色	红色	黄色	白色	红黄色	绿黑色	暗棕色

6. 卤酸盐

$Ba(IO_3)_2$	$AgIO_3$	$KClO_4$	$AgBrO_3$
白色	白色	白色	白色

7. 硫化物

Ag_2S	HgS	PbS	CuS	Cu_2S	FeS	Fe_2S_3	CoS	NiS	Bi_2S_3
灰黑色	红色或黑色	黑色	黑色	黑色	棕黑色	黑色	黑色	黑色	黑褐色

SnS	SnS_2	CdS	Sb_2S_3	Sb_2S_5	MnS	ZnS	As_2S_3
褐色	金黄色	黄色	橙色	橙红色	肉色	白色	黄色

8. 硫酸盐

Ag_2SO_4　Hg_2SO_4　$PbSO_4$　$CaSO_4 \cdot 2H_2O$　$SrSO_4$　$BaSO_4$　$[Fe(NO)]SO_4$

白色　白色　白色　白色　白色　白色　深棕色

$Cu_2(OH)_2SO_4$　$CuSO_4 \cdot 5H_2O$　$CoSO_4 \cdot 7H_2O$　$Cr_2(SO_4)_3 \cdot 6H_2O$　$Cr_2(SO_4)_3$

浅蓝色　蓝色　红色　绿色　紫色或红色

$Cr_2(SO_4)_3 \cdot 18H_2O$　$KCr(SO_4)_2 \cdot 12H_2O$

蓝紫色　紫色

9. 碳酸盐

Ag_2CO_3　$CaCO_3$　$SrCO_3$　$BaCO_3$　$MnCO_3$　$CdCO_3$　$Zn_2(OH)_2CO_3$　$BiOHCO_3$

白色　白色　白色　白色　白色　白色　白色　白色

$Hg_2(OH)_2CO_3$　$Co_2(OH)_2CO_3$　$Cu_2(OH)_2CO_3$　$Ni_2(OH)_2CO_3$

红褐色　红色　暗绿色　浅绿色

10. 磷酸盐

Ca_3PO_4　$CaHPO_3$　$Ba_3(PO_4)_2$　$FePO_4$　Ag_3PO_4　NH_4MgPO_4

白色　白色　白色　浅黄色　黄色　白色

11. 铬酸盐

Ag_2CrO_4　$PbCrO_4$　$BaCrO_4$　$FeCrO_4 \cdot 2H_2O$

砖红色　黄色　黄色　黄色

12. 硅酸盐

$BaSiO_3$　$CuSiO_3$　$CoSiO_3$　$Fe_2(SiO_3)_3$　$MnSiO_3$　$NiSiO_3$　$ZnSiO_3$

白色　蓝色　紫色　棕红色　肉色　翠绿色　白色

13. 草酸盐

CaC_2O_4　$Ag_2C_2O_4$　$FeC_2O_4 \cdot 2H_2O$

白色　白色　黄色

14. 类卤化合物

$AgCN$　$Ni(CN)_2$　$Cu(CN)_2$　$CuCN$　$AgSCN$　$Cu(SCN)_2$

白色　浅绿色　浅棕黄色　白色　白色　黑绿色

15. 其他含氧酸盐

NH_4MgAsO_4　Ag_3AsO_4　$Ag_2S_2O_3$　$BaSO_3$　$SrSO_3$

白色　红褐色　白色　白色　白色

附录8　危险药品的性质和管理

名称	分子式	性质	危害	存放
硫酸	H_2SO_4	强腐蚀	溅到身上引起烧伤	密封贮于阴凉、干燥通风处
高氯酸（过氯酸）	$HClO_4$	强腐蚀、有毒	对皮肤、黏膜、眼睛有刺激	密封放于阴凉、避光处
氢氧化钠 氢氧化钾	$NaOH$ KOH	强腐蚀	皮肤接触引起灼伤	放于阴凉、干燥处，如果是液体，用橡皮塞
氯酸钾 硝酸钠	$KClO_3$ $NaNO_3$	易炸、腐蚀	对皮肤、眼鼻黏膜有刺激	存于阴凉、干燥处，防震，与硫、磷、有机物、还原剂隔开
亚氯酸钠	$NaClO_2$	强腐蚀	对皮肤、黏膜有刺激	密封，与硫黄、酸、磷及油脂隔开
硝酸铵	NH_4NO_3	腐蚀、易炸、有特别臭气	有刺激性	密封放于阴凉、避光处，不可与氧化剂、还原剂、酸类共存放
金属钠 金属钾	Na，K	极易燃、易爆、遇水极易炸	皮肤千万不能接触	存放瓶内金属钠或金属钾应完全被煤油浸没，并高出物品 5 ~ 10 cm，千万不要与水接触
三氧化二砷（砒霜） 亚砷酸钠 五氧化二砷（砷酸酐） 砷酸钠	As_2O_3 Na_3AsO_3 As_2O_5 $Na_3AsO_4 \cdot 12H_2O$	剧毒	可经皮肤接触、吸入蒸气和粉尘或经口进入肠胃而中毒，重者即死	密封放于干燥、通风处，五氧化二砷、亚砷酸应隔绝热源
氰化钠 氰化钾（山奈钾）	$NaCN$ KCN	剧毒、易潮解、腐蚀，与氯酸盐或亚硝酸钠混合易发生爆炸	本品易经皮肤吸收中毒。经皮肤伤口或吸入微量粉末即可中吸收毒死亡	密封放于干燥通风处，禁止与酸类、氯酸盐、亚硝酸钠共存一处
氢氰酸	HCN	剧毒、易挥发、易炸	通过皮肤吸收产生重烧伤，重者死亡	密封存于干燥、通风处，切忌与酸、氯酸盐、亚硝酸钠、钾共存一处

（续）

名称	分子式	性质	危害	存放
汞（水银）	Hg	毒品、极易挥发	主要由呼吸道侵入人体，中毒表现为头痛、胸痛、记忆力衰退、皮肤脓疱、糜烂、眼睑震颤，重者死亡	密封放于阴凉处，上面加水覆盖，以防蒸气。撒落地面时，捡起大液滴，再撒硫黄覆盖
氯化汞	$HgCl_2$	毒品、腐蚀	中毒现象：呕吐、腹痛、肾脏显著衰变以至死亡	密封放于阴凉、干燥处，不可与酸、碱混存
硫	S	易燃，与木炭、氯酸盐或硝酸盐混合遇火即爆炸，受潮后呈现腐蚀性	吸入硫黄粉尘引起肺障碍，常接触引起皮炎	存于干燥、阴凉、通风处
赤磷（红磷）	P	易燃、易爆，与空气接触能燃烧		绝对密封于阴凉、干燥、通风处，不能与氧化剂、酸类存放一处
乙醛 乙醚 丙酮 乙醇 四氢呋喃 乙二醇	C_2H_4O $C_4H_{10}O$ C_3H_6O C_2H_6O C_4H_8O $C_2H_6O_2$	毒品、易挥发、易燃、腐蚀	对眼鼻、呼吸道有强烈的刺激性，高浓度四氢呋喃、乙醚、乙醛蒸气对人体有麻醉作用，甚至会造成死亡	密封于阴凉通风处。库温不宜超过 28 ℃。隔绝火源
乙酰胺	C_2H_5NO	有毒、易挥发	溅到皮肤、眼睛上引起烧伤，吸入中毒	密封于阴凉、通风处
乙酸（冰乙酸） 乙酸酐	$C_2H_4O_2$ $C_4H_6O_3$	易挥发、腐蚀、有毒，乙酸酐易燃	对眼睛，皮肤有刺激，吸入中毒	密封于干燥、阴凉处，乙酸不能冰冻
硝胺类		有毒、挥发、极易燃	吸入中毒	存放于阴凉、干燥、通风处
砷化氢	AsH_3	剧毒	不能直接接触（使用时要戴手套、口罩、防毒眼镜，在通风柜中进行操作）	高度密封于阴凉、干燥、通风处
苯 萘 三氯甲烷	C_6H_6 $C_{10}H_8$ $CHCl_3$	毒品，挥发，易燃	对眼睛、皮肤有刺激性，吸入中毒	密封于阴凉、通风处，远离火源

（续）

名称	分子式	性质	危害	存放
苯甲醛	C_7H_6O	低毒、挥发、易燃易爆	对皮肤、眼睛、上呼吸道有刺激性	密封于阴凉、干燥、通风处
苯甲酸	$C_7H_6O_2$	有毒、挥发、易燃	对皮肤、眼睛有刺激性，吸入中毒	密封于阴凉、干燥、通风处
溴	Br_2	有毒、挥发、腐蚀	刺激眼睛、皮肤，吸入中毒	密封于阴凉、通风处
1－戊醇	$C_5H_{12}O$	易挥发、易燃、强氧化、有毒	对呼吸道刺激，引起头痛、咳嗽、恶心、呕吐、腹泻	密封于阴凉、通风处
甲胺 甲酸甲脂 乙胺	CH_3NH_2 $C_2H_4O_2$ $C_2H_5NH_2$	易燃、易爆、腐蚀、有毒	对皮肤和黏膜、眼睛、上呼吸道有刺激，吸入甲胺气体会引起头痛	密封于阴凉、通风处
吡啶	C_5H_5N	易燃、有毒	能麻醉中枢神经系统，对眼睛角膜、呼吸道黏膜有损害	密封于阴凉、通风处
四氯化碳	CCl_4	有毒	CCl_4液体和喷雾溅入眼内，当即流泪，灼痛引起炎症。急性中毒、恶心呕吐、便血等全身中毒状	密闭容器内，阴凉、通风处

参考文献

[1] 大连理工大学无机化学教研室. 无机化学实验. 北京：高等教育出版社，1990.

[2] 北京师范大学无机化学教研室，等. 无机化学实验. 北京：高等教育出版社，2001.

[3] 北京大学无机化学教研室. 无机化学实验. 北京：北京大学出版社，1982 年.

[4] 刘约权，李贵深. 实验化学（上、下）. 北京：高等教育出版社，1999.

[5] 王伯康. 综合化学实验. 南京：南京大学出版社，2000.

[6] 武汉大学. 分析化学实验（第四版）. 北京：高等教育出版社，2001.

[7] 北京大学分析化学组. 基础分析化学实验. 北京：北京大学出版社，1998.

[8] 蒋碧如，潘润身. 无机化学实验. 北京：高等教育出版社，1989.

[9] 古风才，肖衍繁，张明杰，等. 基础化学实验教程（第二版）. 北京：科学出版社，2005.

[10] 南京大学《无机及分析化学实验》编写组. 无机及分析化学实验（第四版）. 北京：高等教育出版社，2006.

[11] 朱明华. 仪器分析（第三版）. 北京：高等教育出版社，2000.

[12] 胡满成，张昕. 化学基础实验. 北京：科学出版社，2002.

[13] 周其镇，方国女，樊行雪. 大学基础化学实验（Ⅰ）. 北京：化学工业出版社，2000.

[14] 华东化工学院无机化学教研组. 无机化学实验（第二版）. 北京：高等教育出版社，1985.

[15] 化学化工学科组. 化学化工创新性实验. 南京：南京大学出版社，2010.

[16] 化学化工学科组. 化学化工实验课程体系和教学内容改革与建设. 南京：南京大学出版社，2010.